普通高等教育传媒类专业系列教材

U0649349

影视后期编辑与特效合成制作

富 刚 夏 星 主编

人民交通出版社

北京

内 容 提 要

本教材系统地介绍了影视后期制作中常用的知识点、技术方法、剪辑技巧,以及视频软件常用的特效和编辑方法。包含视频基础知识的应用,Adobe Premiere Pro 软件的剪辑、字幕、转场、特效等内容的介绍,以及后期特效软件 Adobe After effect 的遮罩动画、粒子系统、抠像特效、运动追踪特效、三维摄像机动画制作、发光特效等常用特效的讲解。通过案例学习与制作,将理论知识点与实践结合,具有代表性、实用性、综合性,贴近实战应用。

本教材适合用作本科、高职高专院校的传播学、新闻学、广播电视学、广告学、影视动画、多媒体软件设计与制作、电视电影特技制作、非线性编辑等专业方向的教学用书和技能训练参考资料。使用过程中,建议采用基于案例或项目的方式,从作品设计入手,通过一套完整的思维、实践过程实现有效教学。

本书可阅览彩色电子书,可扫描封面贴码获取。

图书在版编目(CIP)数据

影视后期编辑与特效合成制作 / 富刚,夏星主编.

北京:人民交通出版社股份有限公司, 2025.5.

ISBN 978-7-114-18648-6

Ⅰ. TP317.53

中国国家版本馆 CIP 数据核字第 2025G5X280 号

Yingshi Houqi Bianji yu Texiao Hecheng Zhizuo

书　　名:影视后期编辑与特效合成制作
著 作 者:富　刚　夏　星
责任编辑:齐黄柏盈　李　良
责任校对:赵媛媛　魏佳宁
责任印制:张　凯
出版发行:人民交通出版社
地　　址:(100011)北京市朝阳区安定门外外馆斜街 3 号
网　　址:http://www.ccpcl.com.cn
销售电话:(010)85285911
总 经 销:人民交通出版社发行部
经　　销:各地新华书店
印　　刷:北京建宏印刷有限公司
开　　本:787×1092　1/16
印　　张:14.75
字　　数:299 千
版　　次:2025 年 5 月　第 1 版
印　　次:2025 年 5 月　第 1 次印刷
书　　号:ISBN 978-7-114-18648-6
定　　价:55.00 元

(有印刷、装订质量问题的图书,由本社负责调换)

前　言

本教材从数字艺术角度出发，结合新媒体背景下技术发展的趋势，通过图像学的原理分析阐释影视后期制作中的基本原理，让技术学习更容易被学生理解接受。作者结合自身多年影视制作和教学经验，对于现阶段常用的影视制作技术与编辑方法、特效与动画合成技术进行系统的理论总结，形成本书，旨在为学生的实战制作打下理论基础。

本书选取较好的影视艺术作品和学生作品，总结其制作的特点和技术原理，形成理论知识和实战案例，让学生在学习理论的同时，较好地将理论应用到案例实践中。其中的学生作品因为难度贴近学生初学水准并更接地气，具有较好的参考性，使初学者能够快速上手学习。

教材章节小结部分，总结每章的主要理论、技术点和创新点。教材课后思考与练习，作为课后复习和对影视制作艺术、技术的拓展训练和思维引导，对提升学生的思辨能力，促进学生举一反三、灵活应用具有良好效果。

媒体技术发展很快，不断有新媒体技术和新型软件诞生和更新，作品创意和技术的结合更是有着仁者见仁、智者见智的特点。本教材中的不足之处在所难免，恳请读者批评指正，并欢迎大家共同参与到影视与新闻传播专业的实践课程建设中来。

本书由重庆交通大学富刚、重庆科技大学夏星担任主编。感谢人民交通出版社对于本教材的支持和帮助，感谢佟延秋老师提供教学资料并参编了第 3 章的内容，感谢重庆交通大学广播电视学专业同学的积极参与帮助（2018 级廖崧池、黄琴琴参与了教材第 7 章至第 12 章的部分编写，2021 级的吴梦遥、武雪萍、王海燕参与完成整本教材的校对和版面编排工作)，在这里对为本教材提供支持的学者、学友们表示深深的感谢！

本书配备有相关素材文件，可通过链接（https://pan.baidu.com/s/1Xi5YQbvNU17ZsFhyCl70OQ，提取码 ger9）获取。

素材资源链接

编　者
2024 年 12 月

目　录

第12章 电视节目包装案例 203

参考文献 225

第 1 章

影视后期技术的发展

知识点应用: 本章对影视后期技术的发展历史作了简要概述,并分别从电影、电视、数字动画和自媒体几个方面对其技术发展和应用作了分析。其中,电影技术的发展始终是影视技术的核心和前沿,需要重点掌握。同时,要了解、熟悉常用技术在影视制作中的应用,并能在观赏影视剧或其他电视节目的时候做技术分析,从而能对视觉特效进行合理应用和创新,使其能够更好地为影视作品服务。

学习重点:

- 了解常用的电影特效技术。
- 了解电视节目后期制作技术。

影视作为一种以现代科技材料为基础的艺术形式,其制作技术发展与科技进步有着紧密的关联。现阶段,计算机应用技术、数字化成像技术的迅速发展,让影视艺术创作告别了传统模式,逐渐走向数字化、标准化、成熟化。

1.1　电　影　特　效

现阶段,电影制作手段基本告别了传统的胶片拍摄与剪接的制作方法,而是应用数字技术来拍摄、储存、剪辑和传输影像素材,最终在电脑端的后期制作软件里完成数字电影特效的合成与发布。在这一过程中,丰富的数字特效技术为电影的艺术创作和表现形式提供了无比广阔的空间。

1.1.1　CGI 合成技术

CGI(Computer-generated imagery)技术,即电脑三维动画合成技术,该技术通过将电脑制作的数字元素,放入实拍场景中重新合成,达到创新场景的要求。通常数字元素的制作由三维模型软件来完成。在制作中,一类为实拍场景与数字角色的结合,如电影《变形金刚》中的机器人角色,均通过三维模型制作,一个机器人模型由上万个小模型组合而成,而且动画要求每个零件都动起来,达到模拟人类表情和动作的要求,然后与实拍的城市、郊外、室内等场景结合,产生了丰富的机器人打斗镜头,展示了众多动画片里想象中的机器人角色形象,带来了强烈的视觉冲击力,如图 1-1-1~图 1-1-3 所示。另一类为实拍人物主角与数字元素结合,如电影《哈利·波特》中的角色马尔福被哈利打伤时,血液透过湿透的衬衫流进水里这一场景就是通过数字建模做出来的,如图 1-1-4~图 1-1-6 所示。为了让场景更加逼真,后面镜头中斯内普施法救治马尔福时,数字技术又模拟血液倒流回身体的场景——电影中血液的流动无法拍摄,而利用 CGI 合成技术却容易实现。现代影视的创作有着丰富的类型,依据故事需求,两种 CGI 合成技术类型在现代电影中有着不同程度的应用,尤其是在科幻电影和古装神话、玄幻题材的电影中应用特别广泛。

1.1.2　抠像技术

影视作品在拍摄时经常会碰到一些特殊情况,比如演员要做高难度的危险动作,穿越丛林,飞檐走壁,在高空中打斗,同时又要与创作的数字场景相结合。这个时候为了节约成本,提高拍摄成功率,会让演员在蓝屏或绿屏前进行模拟表演(图 1-1-7),然后抠像,去除有色背景,与数字场景合成,达到一个镜头中人物与场景的完美结合,这就需要用到抠像技术。抠像的素材与场景的匹配,通常要做大量的后期参数调整。绿幕拍摄和抠像技术也经常在电视节目制作中使用(图 1-1-8)。本书要讲解的具体抠像技术,将在第 9 章中通过案例详细讲解。

图 1-1-1　变形金刚头部三维建模

图 1-1-2　汽车模型三维建模

图 1-1-3　电影《变形金刚》场景

图 1-1-4　电影《哈利·波特》CGI 特效 (场景一)

图 1-1-5　电影《哈利·波特》CGI 特效 (场景二)

图 1-1-6　电影《哈利·波特》CGI 特效 (场景三)

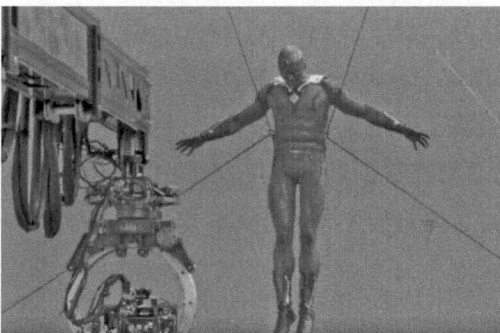

图 1-1-7　现场绿幕拍摄

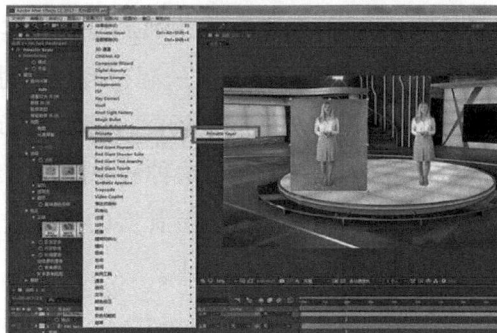

图 1-1-8　演播厅绿幕拍摄

1.1.3　动作捕捉技术

动作捕捉技术 (Motion capture),就是测量、跟踪、记录物体在三维空间中的运动轨迹,再将捕捉到的运动轨迹绑定在三维模型上,让三维模型真正、自然地运动起来,再与场景相结合。在电影《本杰明·巴顿奇事》的制作中 (图 1-1-9),我们看到了高度仿真的人物面部表情,动作捕捉技术应用于演员的面部表情捕捉,将前期设计的不同年龄的本杰明造型结合主演布拉德·皮特的面部表情,与真人表演天衣无缝地结合起来,让观众完全沉浸在特效所打造的"真实的"本杰明这一形象中。

图1-1-9　本杰明的演员本人与使用动作捕捉技术制作的电影形象

典型的动作捕捉设备一般由以下几个部分组成:传感器、信号捕捉设备、数据传输设备、数据处理设备。动作捕捉广泛应用于动画、游戏、智能机器人、体育运动等领域。

1.1.4　接景绘制

接景绘制,即在电影拍摄制作中,为了实现并不存在或本身不完整的场景,可采用绘画的形式对场景进行补充。在影片后期制作中,接景艺术家会根据导演和剧情需要,绘制整个场景,或对现有拍摄的场景进行扩充。例如像电影《流浪地球》这种科幻巨作(图1-1-10、图1-1-11),几乎没有什么场景是可以通过直接拍摄得到的,影片中大部分场景都要依赖于接景技艺。片中,角色穿着的都是精心制作的顶级外骨骼装备(图1-1-12),一旦影片绘景的细节与质量不到位,合成在一起很容易产生"不真实"的观感。再如,电影《斯巴达三百勇士》中的大规模的神话战争场面,其魔幻的天空背景皆由绘景艺术家绘制,营造了浓重的神话故事环境,如图1-1-13。这种静态图像的绘制,通常在平面软件Ps(Adobe Photoshop)里面绘制完成,绘景艺术家需要有扎实的美术造型基础,能够按照导演的故事构思完成故事场景绘制,达到视觉艺术上的要求。

图1-1-10　场景的后期绘制

图1-1-11　电影《流浪地球》场景

图 1-1-12　道具的数字绘制

图 1-1-13　电影《斯巴达三百勇士》场景

1.1.5　威亚技术与造型

我们经常看到动作电影或者科幻电影中人物飞檐走壁,在高楼大厦、天空、水面之间穿梭,各种特技动作使人眼花缭乱,这些动作绝大多数并非真实拍摄,而是通过电脑合成制作出来的。威亚技术与造型具体步骤分为前期与后期。前期在摄影棚中拍一段演员吊有威亚的画面,背景为蓝幕或绿幕;后期用数字处理技术抹去威亚,加入新的背景,将这两段场景合成在一起,这也就是我们常常说的"擦威亚"。威亚去除工作是影视后期的初级合成工作,通常利用后期软件完成。

1.2　电视节目后期制作

电视节目后期制作技术与电影的制作技术基本相近,但电视节目制作一般不会用到复杂的特技效果,也没有写实的场景要求,主要是围绕电视节目内容要求进行相应的技术处理。主要技术使用集中在视音频合成、电视频道与电视节目的整体包装,以及虚拟演播室技术的应用。

1.2.1　电视频道与电视节目的包装

电视频道与电视节目的包装是一种有效的视觉化传播手段,旨在从视觉表现上使电视频道和电视栏目与众不同、便于区分,从而突显节目或频道的个性,使观众形成深刻记忆,培养观众情感认知。比如在电视频道方面,湖南卫视的娱乐、北京卫视的资讯、山东卫视的乡村、浙江卫视的文化,它们都很好地展示了频道的特色,既体现人文关怀,又体现节目的内涵,彰显频道的独特气质,使人印象深刻、百看不厌。又如,电视节目《快乐大本营》《新青年》《天天向上》这些栏目都被广大观众所喜欢。这些频道和节目能够脱颖而出的关键在于它们创意新颖,个性鲜明,包装定位准确,表现手法多样。

从艺术创作角度分析,电视节目包装制作属于视觉传达设计范畴,需要进行图形、字体、色彩、动画的统一设计。主要制作内容为字幕、片头设计、节目 Logo、频道宣传、转场动画。字幕和片头往往反映了一个节目的整体调性,能够展现节目的整体效果和特点。节目中的字幕和片头要配合节目的总体特点,有创意、记忆点的片头效果能够为节目宣传带来良好的引入效果,符合大众审美和喜好的字幕设计能够为观众带来更好的感官体验。以综艺节目《演员请就位》为例,在片头制作过程中运用 AE(Adobe After Effects)软件,制作出平面效果的动态片头,自左向右的画面展现,以参赛演员为底片,弹出"唯品会"的 Logo,采用鲜明的配色和动态化、多样化的平面图形转换进行视觉搭配和画面转接。总体上节目字幕配合赞助商图标的 Logo 色,在画面右下角搭配金色"演员请就位"字样,多种样式转换以避免受众视觉疲劳。

1.2.2　虚拟演播室

虚拟演播室的产生,给电视节目制作带来了一场技术性的革命。1993 年,以色列奥莱德公司(ORAD)推出了世界上第一套真三维虚拟演播室。在此后的 10 年中,各虚拟演播室厂商陆续推出自己的产品,如西班牙头脑风暴公司(Brainstorm Multimedia S.L.)、英国广播公司(British Broadcasting Corporation,BBC)的虚拟演播室,以及 2000 年之后中国大洋、奥维迅、新奥特、艾迪普等技术公司也相继推出自己的虚拟演播室产品。

虚拟演播室是一种全新的电视节目制作工具,其作用是将计算机制作的虚拟三维场景与电视摄像机现场拍摄的人物活动图像进行数字化的实时合成,使人物与虚拟背景能够同步变化,从而实现两者的融合,以获得完美的合成画面。

虚拟演播室技术包括摄像机跟踪技术、计算机虚拟场景设计技术、色键技术、灯光技术等。虚拟演播室技术在传统色键抠像技术的基础上,充分利用了计算机三维图形技术和视频合成技术,根据摄像机的位置与参数,使三维虚拟场景的透视关系与前景保持一致,经过色键合成后,使得前景中的主持人看起来完全融合在计算机所产生的三维虚拟场景中,而且能在其中运动,从而创造出逼真的、立体感很强的电视演播室效果。由于演播室背景大多是由计算机生成,可以迅速变化替换,这使得丰富多彩的演播室场景设计可以用非常经济的手段来实现。同时,虚拟演播室技术可以实时获得视频最终效果,无须后期抠像再处理,获得的素材可以直接参与视频整体编辑,完成节目整体制作,节目制作变得方便、快捷。由于虚拟演播室本身具有的无穷魅力和不可低估的发展前景,迄今已被越来越多的节目制作人员所关注和使用。

1.3　数 字 动 画

目前,数字动画技术应用越来越广泛,使得数字动画展现出多样化、多领域的特征。根据用途,数字动画大体可以分为两大类。一类是故事型动画片,属于影视艺术的范畴,动画片与传统影视剧一样,镜头设计有严格的角色与场景要求,并有较高的美术造型要求和数字特效应用要求,成片供观众欣赏娱乐,有一定的教育意义;另一类是商业与媒体领域的数字动画,如电视片头动画、广告动画、建筑动画、网页动画、手机媒体动画、游戏动画等。

数字动画根据视觉表现形式可基本分为二维动画和三维动画。二维动画的制作技术主要为手绘,前期工作为对单个镜头中的角色动作和场景的美术绘制,后期进行角色与场景的结合,以及特效、剪辑与视音频结合。二维动画的制作方法较为传统,依靠手工绘制,是早期动画的制作的主要手段,如动画片《大闹天宫》《猫和老鼠》等。三维动画主要应用三维动画软件,进行角色、场景的三维模拟建模,后期制作工作通常为三维角色的关键帧动作设置、角色与场景的合成,以及最后对单个镜头进行组合编辑、特效制作、视音频合成。现阶段,随着动作捕捉技术的快速发展,人们可以轻松完成真人动作捕捉,把捕捉到的运动轨迹"绑定"在三维角色模型上面,使得三维动画的角色仿真性强,动作复杂,人物角色塑造性极强,避免了设置动作关键帧的烦琐。

1.4 自媒体视频

自媒体又称"公民媒体"或"个人媒体",是私人化、平民化、普泛化、自主化的传播者,以现代化、电子化的手段,向不特定的大多数人或者特定的单个人传递规范性及非规范性信息的新媒体的总称,自媒体视频是其中的一个主要类型。自媒体平台包括:短视频平台、博客、微博、微信、百度贴吧、论坛(Bulletin Board Syesystem,BBS)等网络社区。

自媒体短视频在拍摄中大多使用手机竖屏进行拍摄,不同型号手机之间硬件也有差距,拍摄的分辨率大小各有差异,一般手机拍摄的视频分辨率能达到高清的 1920px×1080px,如果要求质量再高些,则需要使用微型单反相机。收音时大多采用现场收音,不会进行后期优化处理。专业的短视频制作团队往往通过多人合作,完成脚本策划、拍摄、后期制作、平台发布,产出高效、准确、细分、完整的短视频节目,这些工作能力较强的个人也可以独立完成。

自媒体的发展离不开智能手机,智能手机技术与性能的不断发展,使得手机编辑视频成为现实。自媒体短视频大多使用手机软件剪辑,操作简单方便;对画面构图与调色并不会进行专业的设计,视频加字幕易上手;样式多样,如使用手机剪辑软件"快剪辑""剪影",且很多短视频平台自带剪辑功能,如图 1-4-1、图 1-4-2 所示。短视频编辑完成后就可以上传至短视频平台发布传播,一般大众可以实时观看,制作周期短,传播效率极高。

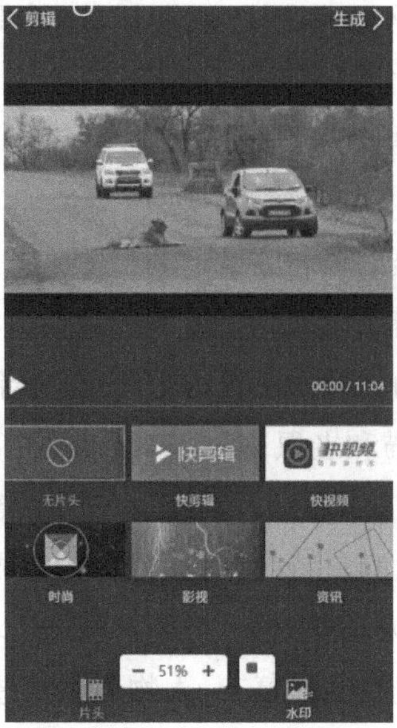

图 1-4-1　快剪辑界面

图 1-4-2　剪影界面

　　自媒体短视频的创作主要为了吸引受众点击和观看,传播个人价值观和商业价值;通常内容短小,目标性或主题性强,对话简短,一般大众只要拿起手机就能拍摄和发布,视频长度从几十秒到几分钟不等。但是,自媒体短视频质量整体较为粗糙,图像质量低,题材单一,缺乏深度,故事不完整,具有艺术性差、追求猎奇、充满草根文化的独立见解等特征。

1.5　小　　结

　　通过对当前影视后期制作技术的现状分析,我们发现不同类型的影视作品对于技术的要求截然不同。影视艺术的制作发展与科学技术密切相关,目前仍然是视觉艺术创作最极致的呈现;传媒领域传播技术手段取得的巨大进步,会使媒体的制作走上高效、轻便、数字化的道路。学习者要针对不同领域特点,学习使用不同的技术手段,为作品服务。

1.6　课后思考与练习

　　(1)在影视制作后期,常用的影视特效技术有哪些?

　　(2)电视频道与电视节目包装属于哪个范畴,具体内容有哪些?

　　(3)数字动画有哪两种主要类型?请举例说明。

　　(4)自媒体短视频的特点有哪些?

第 2 章

影视后期制作基础

知识点应用：在进行影视后期制作前，要掌握影视后期制作的基本原理，其重点是熟悉视频的定义和组成。此外，只有熟悉视频的基本技术属性和相关标准，才能保证制作出来的视频在格式、色彩等方面符合标准，达到制作和播出要求。

学习重点：

- 掌握帧速率、分辨率、像素的含义。
- 掌握场、色彩模式、色彩深度的含义。
- 掌握常用的视音频格式。
- 了解常用的影视后期制作软件。

2.1　影视视频与后期制作概述

什么是视频？从物理意义上讲,视频是在电子屏幕上连续播放的画面,其中包含了声音。具体来说,任何影视艺术形式都是以视频为载体进行创作和传播的。因此,影视后期制作的基本原则就是围绕视频的属性进行编辑与处理,所以我们要熟悉视频的基本技术属性和相关标准。

2.2　视频的基本技术属性和相关标准

2.2.1　帧速率

帧速率即每秒钟显示的图片数量,单位是帧/秒(fps)。不同电视制式帧速率不同,PAL制电视的帧速率为25fps,即每秒25帧画面。三种视频制式的参数标准见表2-2-1。

三种视频制式的参数标准　　　　　　　　　　　　　　　表2-2-1

项目	PAL 制式	NTSC 制式	SECAM 制式
帧速率(fps)	25	30	25
亮度带宽(MHz)	6.0	4.2	6.0
分辨率(px×px)	768×576	640×480	768×576
彩色幅载波(MHz)	4.43	3.58	4.25
声音载波(MHz)	6.5	4.5	6.5

2.2.2　SMPTE 时间码

SMPTE 时间码,是为电影和视频应用设计的标准时间编码格式,在非线性编辑中它表示为"H:M:S:T"也就是"小时:分钟:秒:帧"的形式。例如,01:32:22:17 表示 1 小时 32 分 22 秒 17 帧。

2.2.3　电视制式

电视制式是指一个国家的电视系统采用的特定制度和技术标准。不同国家电视信号采用的编码标准不同,形成了不同的电视制式。目前世界上的彩色电视制式主要有以下三种。

1）NTSC 制式

美国国家电视系统委员会制式（National Television Systerm Commitee），简称 NTSC 制式，又称正交平衡调幅制。其标准画面尺寸为 720px×480px，其帧速率为 29.97fps。这种制式解决了彩色电视和黑白电视不兼容的问题，但是存在容易失真、彩色不稳定的缺点。采用这种制式的国家主要有美国、日本、加拿大。

2）PAL 制式

PAL（Phase Alternation Line）制式又称正交平留调幅远行例相制。它诞生于 1962 年，克服了 NTSC 制式因相位敏感造成的色彩失真的缺点。PAL 制式的标准画面尺寸为 720px×576px，其帧速率为 25fps。采用这种制式的国家主要有中国、德国、英国。

3）SECAM 制式

SECAM（Séquential Couleur Avec Mémoire）制式，又称行轮换调频制。1966 年由法国研制成功，意为"按顺序传送彩色与存储"，首先用在法国模拟彩色电视系统，该系统采用的是一个 8MHz 宽的调制信号。这种制式属于同时顺序制，按照顺序传送与存储彩色电视系统，特点是不怕干扰，色彩保真度高。采用这种制式的国家主要有法国、俄罗斯。

2.2.4　计算机图形

计算机图形可分为两种类型，即位图图形和矢量图形。位图图形也叫光栅图形，通常也称之为图像，它由大量的像素组成。在位图图形中，分辨率是极其重要的要素，每一幅位数图形都包含着一定数量的像素，如图 2-2-1。矢量图形是与分辨率无关的独立的图形。它是通过数学方程式得到的，由矢量所定义的直线和曲线组成。例如，标志在缩放到不同大小时都保持清晰的线条，矢量图形缩放的结果如图 2-2-2、图 2-2-3 所示。

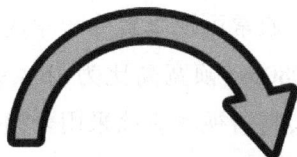

图 2-2-1　位图图形　　　　图 2-2-2　矢量图形放大的结果　　　图 2-2-3　矢量图形缩小的结果

2.2.5 像素

像素是构成图形的基本元素,它是位图图形的最小单位。像素有以下三种特性:像素与像素间有相对位置;像素具有颜色能力,可以用位来度量;像素的大小是相对的,它取决于组成整幅图像像素的数量多少。像素图如图 2-2-4 所示。

像素宽高比是指单个像素的宽度和高度的比例,如对于电视中标准的 PAL 制式视频,一帧图像由 720×576 个像素组成,采用的是矩形像素,像素的宽高比是 1.067。而计算机显示图像使用正方形像素显示画面(图 2-2-5),其像素宽高比为 1。常见的大部分数字图像素材采用正方形像素,如果在正方形像素的显示器上显示未经过矫正的矩形像素的图像,会出现变形现象。

图 2-2-4 像素图

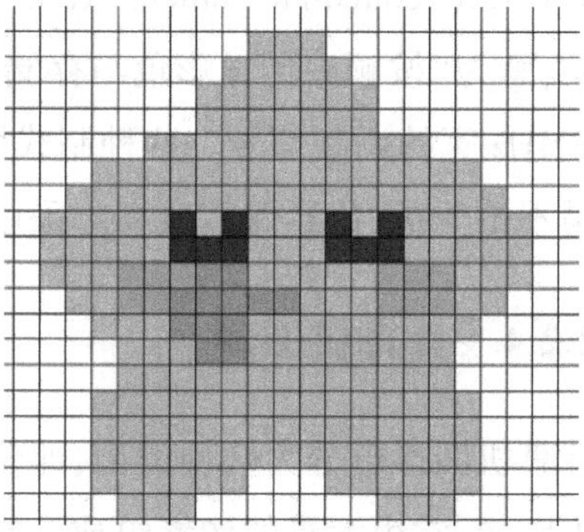

图 2-2-5 正方形像素图

2.2.6 分辨率

分辨率是指图像单位面积内像素的多少。分辨率越高,图像越清晰。电影和电视影像的质量不仅取决于帧速率,每帧的图像分辨率也是一个重要因素。较高的分辨率可以呈现较好的画面质量。

根据分辨率大小,视频格式大致可以分为标清(SD)和高清(HD)两类。标清和高清是两个相对的概念,不是文件格式的差异,而是尺寸上的差别。对于非线性编辑而言,标清格式的视频素材主要有 PAL 制式和 NTSC 制式。一般 PAL DV 的图像尺寸为 720px×576px,而 NTSC DV 的图像尺寸为 720px×480px。DV 的画质标准就能满足标清格式的视频要求。高清就是分辨率高于标清的一种标准,通常可视垂直分辨率高于 576px 的即为高清,其分辨率常为 1280px×720px 或者 1920px×1080px,帧宽高比为 16:9。高清的视频画面质量和音频质量都比标清要高。需要注意的是,高清视频应该采用全帧传输,也就是逐行扫描。区别逐行还是隔行扫描的方式是看帧尺寸后面的字母。高清格式通常用垂直线数来代替图像的尺寸,比如 1080i 或者 720p,就表示垂直分辨率是 1080 或者 720。i 代表隔行扫描,p 代表逐行扫描。高清视频中还出现 i 帧,是为了向下兼容(向标清播放设备兼容)。

　　2K 和 4K 标准是指高清数字电影(Digital Cinema)格式,2K 是指图片水平方向的分辨率,即 2048 分辨率(1K＝1024),4K 是指图片水平方向的分辨率为 4×1024。它们的分辨率分别为 2048px×1365px 和 4096px×2730px。标清、高清、2K 和 4K 视频图像帧尺寸的对比图如图 2-2-6 所示。

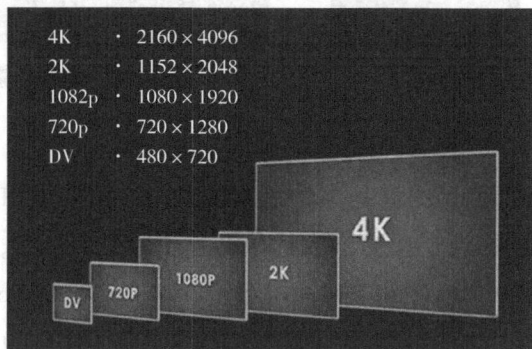

4K	·	2160×4096
2K	·	1152×2048
1082p	·	1080×1920
720p	·	720×1280
DV	·	480×720

图 2-2-6　不同视频图像的帧尺寸

2.2.7　帧的宽高比

　　帧的宽高比是指一帧即单个画幅的宽高比,普通标清电视系统帧的宽高比是 4∶3,宽屏电视帧的宽高比是 16∶9,电影帧的宽高比也为 16∶9。

2.2.8　视频色彩模式

　　视频色彩模式与传统的绘画色彩系统不同,属于数字色彩系统。数字色彩系统由相关的计算机色彩模型构成。计算机色彩成像的原理和其内部色彩的物理性质决定了它是一种光学色彩,它跟传统意义上的混色系统和显色系统既存在明显的差别又有着不同程度的联系,正因为这种特殊性,数字色彩形成了自己的显著特点并自成体系。常见的数字图像色彩模式包括以下类型。

　　1)RGB 色彩模式

　　红色、绿色、蓝色三色分别是数字显色系统常用的光的三原色,计算机图形学中称之为"三基色"。红(red,记为 R)、绿(green,记为 G)、蓝(blue,记为 B),它们是计算机显示器及其他数字设备显示颜色的基础。RGB 色彩模型是计算机色彩最典型、最常用的色彩模型。计算机用 0~255 数值来从弱到强表示一个原色的强弱。即每种原色具有 256 级强度,0 代表无色,255 代表最强。那么红绿蓝三个通道原色混合可得到 256×256×256 种颜色。(图 2-2-7)RGB 色彩模式下的后期制作原理为运用计算机的图像技术,对像素进行位移、换色、加亮、置换等操作获得画面的变化来适应艺术创作要求,结果如图 2-2-8 所示。

图 2-2-7　RGB 色彩模型

图 2-2-8　改变像素获取画面的变化

2）Lab 模式

Lab 色彩是计算机内部使用的最基本的色彩模型。它由明度（L）和有关色彩的 a、b 三个要素组成。L 表示照度，相当于亮度，a 表示从红色至绿色的范围，b 表示从蓝色至黄色的范围。L 的值域为 0 到 100，当 L = 50 时，就相当于 50% 的黑；a 和 b 的值域都是从 +120 至 −120，其中 +120a 是红色，−120 a 是绿色；同理，+120 b 是黄色，−120 b 是蓝色。所有的颜色都由这三个值交互变化形成。例如，如果一块色彩的 Lab 值是 L = 50，a = 120，b = 120，那么这块色彩就应该是红色。Lab 模式图如图 2-2-9 所示。

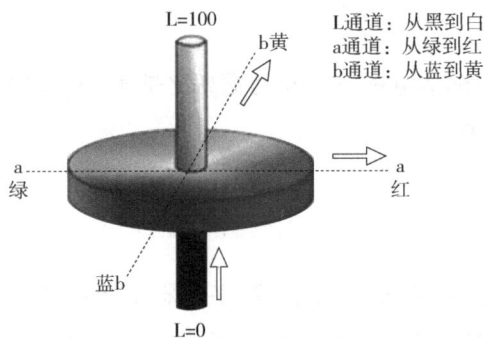

图 2-2-9　Lab 模式图

3）HLS 色彩模式

HLS 色彩模式包含色度（hue）、光度（lightness）和饱和度（saturation）这三个要素。色度决定颜色的面貌特质，光度决定颜色光线的强弱度，饱和度表示颜色纯度的高低。在 HLS 色彩模式中，色度可以设置的色彩范围数值为 0~360；光度可设置的强度范围数值为 0~100；饱和度可设置的范围数值为 0~100。如果光度数值为 100，那么所表现出的颜色将会是白色；如果光度数值为 0，那么所表现出的颜色将会是黑色。HLS 色彩模式以人类对颜色的感觉为基础，非常易于理解，常用于进行数字图像的色调调整。

4）灰度模式

灰度（Grayscale）模式属于非彩色模式，一般只用于灰度和黑白色中。灰度模式中只存在灰度一个要素。也就是说，在灰度模式中亮度是唯一能够影响灰度图像的因素。在灰度模式中，像素用 8 位的数据表示，因此具有 256 个亮度级，能表示出 256 种不同亮度的色调。当灰度值为 0 时，生成的颜色是黑色；当灰度值为 255 时，生成的颜色是白色。

5）CMYK 色彩模式

CMYK 色彩模式的颜色也被称作印刷色，该模式大多应用于印刷领域。C、M、Y 三色分别是色料的三原色。青（记为 C）、品红（记为 M）、黄（记为 Y），它们是打印机等硬拷贝设备使用的标准色彩,它们与红(R)、绿(G)、蓝(B)三基色形成色相上的补色关系;黑色(记为K)。CMYK 色彩模式在视频制作中使用较少。

2.2.9　色彩深度

图像中每个像素可显示出的颜色数称作颜色深度。通常有以下几种颜色深度标准:24位真彩色,即每个像素所能显示的颜色数为 2 的 24 次方,约有 1680 万种颜色;色彩深度为16 位颜色,每个像素显示的颜色数为 2 的 16 次方,有 65536 种颜色;色彩深度为 8 位颜色,每个像素显示的颜色数为 2 的 8 次方,有 256 种颜色。色彩深度标准如图 2-2-10 所示。

色彩深度 (位)	最大颜色数(2的n次方) (单个通道的颜色数)
1	2
2	4
4	16
8	256
16	65536
24/32	1670万以上

图 2-2-10　色彩深度的标准

2.2.10　Alpha 通道

视频编辑除了使用标准 24 位的颜色深度外,还可以使用 32 位颜色深度。32 位颜色深度实际上是在 24 位颜色深度上添加了一个 8 位的灰度通道,为每一个像素存储透明度信息。灰度通道被称为 Alpha 通道,如图 2-2-11 所示。

图 2-2-11　Alpha 通道结果示意

2.2.11 场的概念

场的概念源于电视,早期普通电视都是采用隔行扫描方式:由于要克服信号频率带宽的限制,无法在制式规定的刷新时间内同时将一帧图像显现在屏幕上,只能将图像分成两个半幅的图像,一先一后地显现。隔行扫描方式是将一帧电视画面分成奇数场和偶数场两次扫描。第一次扫出由 1、3、5、7 等所有奇数行组成的奇数场,第二次扫出由 2、4、6、8 等所有偶数行组成的偶数场。偶数场称为顶部场即上场,奇数场称为底部场即下场。这样,每一幅图像经过两场扫描,所有的像素全部扫完形成一幅图像。由于刷新速度快,肉眼是看不见场的变化的。奇数场和偶数场扫描分别如图 2-2-12、图 2-2-13 所示。

图 2-2-12　奇场优先

图 2-2-13　偶场优先

采集素材的时候,采集设备所采集的视频本身就存在一个场序的问题,而这又是由采集卡的驱动程序和主芯片以及所采集的视频制式所共同决定的。当输出的视频素材出现抖动或者锯齿的时候,原因很可能是输出素材的场的设置与播放设备的场不一致。这时候要重新设置素材的场并输出,使最后视频的场与播放设备一致,从而实现画面正常播放。

2.3　图像与视音频格式

2.3.1 常用视频压缩格式

1)MOV 格式

MOV 格式是美国苹果公司(Apple Inc.)开发的一种视频格式,默认的播放器是 Quick Time Player。由于具有较高的压缩比率和较完美的视频清晰度等特点,在影视后期编辑中该格式被广泛使用。

2) AVI 格式

AVI 的英文全称为 Audio Video Interleaved, AVI 格式即音频视频交错格式。AVI 格式于 1992 年由微软公司(Microsoft)推出，随 Windows3.1 一起被人们所认识和熟知。所谓"音频视频交错"，就是可以将视频和音频交织在一起进行同步播放。这种视频格式的优点是图像质量好，可以跨多个平台使用；其缺点是体积过于庞大。

3) MPEG 格式

MPEG 是 Motion Pictures Experts Group(运动图像专家组)的缩写，用于压缩动态图像。MPEG 格式有不同的压缩标准，VCD 采用的标准是 MPEG-1，DVD 采用的标准是 MPEG-2。

MPEG-1：制定于 1992 年，它是针对 1.5Mbit/s 以下数据传输率的数字存储媒体运动图像及其伴音编码而设计的国际标准。也就是我们早期通常所见到的 VCD 制作格式，这种视频格式的文件扩展名包括.mpg、.mlv、.mpe、.mpeg 及 VCD 光盘中的.dat 文件等。

MPEG-2：制定于 1994 年，设计目标为实现高级工业标准的图像质量以及更高的传输率。这种格式主要应用在 DVD/SVCD 的制作(压缩)方面，同时在一些 HDTV(高清晰电视广播)和一些高要求视频编辑、处理上也有相当的应用。这种视频格式的文件扩展名包括.mpg、.mpe、.mpeg、.m2v 及 DVD 光盘上的.vob 文件等。

MPEG-4：制定于 1998 年，MPEG-4 是为了播放流式媒体的高质量视频而专门设计的。通过帧重建技术，压缩和传输数据，以求使用最少的数据获得最佳的图像质量。目前 MPEG-4 最有吸引力的地方在于它能够保存接近于 DVD 画质的小体积视频文件。另外，这种文件格式还包含了以前 MPEG 压缩标准所不具备的比特率的可伸缩性、动画精灵、交互性甚至版权保护等一些特殊功能。这种视频格式的文件扩展名包括.asf、.mov 和 AVI-DIVX 等。

2.3.2　常用的音频文件格式

1) CD 格式

CD 格式是当今世界上音质最好的音频格式标准，也就是 44.1K 的采样频率，速率 88K/s，16 位量化位数，因为 CD 音轨可以说是近似无损的，所以它的声音基本上是忠于原声的，如果你是一位音响发烧友的话，CD 是你的首选。

2) WAVE 格式

WAVE 格式是微软公司开发的一种声音文件格式，它符合 PIFF(Resource Interchange File Format, 资源交换档案标准)文件规范，用于保存 Windows 平台的音频信息资源。WAVE 格式支持 MSADPCM、CCITT A LAW 等多种压缩算法，支持多种音频位数、采样频率和声道，标准格式的 WAV 文件和 CD 格式一样，也是 44.1K 的采样频率，速率 88K/s，16 位量化位数，WAVE 格式的声音文件质量和 CD 相差无几，也是目前 PC 机上广为流行的声音文件格式，几乎所有的音频编辑软件都"认识"WAVE 格式。

3）MP3 格式

MP3 格式诞生于 20 世纪 80 年代的德国，MP3 音频文件的压缩是一种有损压缩，其音质要次于 CD 格式或 WAVE 格式的声音文件。其特点为文件尺寸小，音质好，便于下载、保存及后期编辑。MP3 音乐的使用要注意版权问题。

4）WMA 格式

WMA（Windows Media Audio）格式来自微软系统，音质要强于 MP3 格式，Windows 操作系统和 Windows Media Player 是无缝捆绑的，只要安装了 Windows 操作系统，就可以直接播放 WMA 格式的音乐。

5）AIF 格式

AIF 格式是苹果设备中较为常用的一个音频格式，和 WAVE 相似，大多数的音频编辑软件都支持。

2.3.3 常用的图片文件格式

1）GIF 格式

GIF 格式（图形交换格式）形成一种压缩的 8 位图像文件，这种格式的文件目前多用于网络传输。GIF 格式的不足之处在于它只能处理 256 色，不能用于存储真彩色图像。

2）BMP 格式

图像处理软件基本上都支持 BMP 格式。BMP 格式可简单分为黑白、16 色、256 色、真彩色几种格式，其中前 3 种有彩色映像。

3）JPG 格式

JPEG 是 Joint Photographic Experts Group（联合图像专家组）的缩写，用于压缩静态图像。JPG 是 JPEG 的缩写，JPEG 几乎不同于当前任何一种数字压缩方法，它无法重建原始图像，该格式文件压缩后文件较小，图像质量损失较小，应用较为广泛。

4）PSD 格式

PSD 格式是 Ps 的一种专用存储格式，具有分层保存原始图像的功能，适用于图像的合成处理。

5）FLM 格式

FLM 格式是 Pr（Adobe Premiere Pro）的一种输出格式。Pr 将视频片段输出成一个长的竖条，每个竖条都由独立方格组成，每一格即为一帧。

6）EPS 格式

EPS 格式是许多高级绘图软件都会采用的一种矢量描述方式，如 CorelDraw、Freehand、Illustrator 等软件。对 Pr 而言，EPS 格式可支持 Adobe Illustrator 插图软件的平滑连接。

7）FLC 格式

FLC 格式是 AutoDesk 公司推出的动画文件格式，使用过 3DS、3DS MAX 的人对其一定不陌生,FLC 格式是从早期的 FLI 格式演变而来的,经 FLC 格式处理后的文件是一个 8 位动画文件,其尺寸大小可任意设定。

8) TGA 格式

True vision 公司的 TGA 文件格式已广泛地被国际上的图形、图像制作工业所接受,它最早被美国电话电报公司(AT&T)使用,用于支持 Taiga 和 ATVISTA 图像捕获板。现已成为数字化图像以及光线跟踪和其他应用程序(如 3DS)所产生的高质量的图像的常用格式,该图像格式支持无损压缩和 32 位图的 Alpha 透明通道。

2.4 常用后期软件介绍

1) Adobe Premiere Pro

Adobe Premiere Pro 简称"Pr",是一款常用的视频编辑软件,由 Adobe 公司推出。它是一款编辑画面质量比较好的软件,有较好的兼容性,且可以与 Adobe 公司推出的其他软件相互协作。目前这款软件广泛应用于影视广告制作和电视节目制作中。

2) Sony vegas

Sony Vegas 具备强大的后期处理功能,可以随心所欲地对视频素材进行剪辑合成、添加特效、调整颜色、编辑字幕等操作,还包括强大的音频处理工具,可以为视频素材添加音效、录制声音、处理噪声,以及生成杜比 5.1 环绕立体声。此外,Sony Vegas 还可以将编辑好的视频迅速输出为各种格式的影片,直接发布于网络、刻录成光盘或回录到磁带中。

3) EDIUS

EDIUS 是一款专业非线性视频编辑软件,包括 Xplode for EDIUS 和 EDIUS FX、Canopus 先进的实时二维和三维视频效果引擎。EDIUS Pro 是 EDIUS 的升级版本,其以实时、多轨道、HD/SD 混合格式编辑、合成、色度键、字幕编辑和时间线输出能力,为所有的视频获得格式提供无缝的实时工作流程。

4) Final Cut Pro

Final Cut Pro 是苹果公司开发的一款专业视频非线性编辑软件,第一代 Final Cut Pro 在 1999 年推出。最新版本 Final Cut Pro 包含进行后期制作所需的一切功能。导入并组织媒体、编辑、添加效果、改善音效、颜色分级以及交付等操作都可以在该应用程序中完成,广泛应用在电影后期制作中。

5) Adobe After Effects

Adobe After Effects 简称"AE",是 Adobe 公司推出的一款图形视频处理软件,适用于从事设计和视频特技的机构,包括电视台、动画制作公司、个人后期制作工作室以及多媒体工作室,属于层类型后期软件。AE 软件可以高效且精确地创建无数种引人注目的动态图形和震撼人心的视觉效果。由于可以利用与其他 Adobe 软件无与伦比的紧密集成和高度灵活的 2D 和 3D 合成，以及数百种预设的效果和动画，AE 在电影、视频、DVD 和 Flash 动画作品中被广泛应用。

6）NUKE

NUKE 是由 The Foundry 公司研发的一种数码节点式合成软件，已经过十多年的发展，曾获得学院奖（Academy Award）。NUKE 无须专门的硬件平台，但却能为使用者提供组合和操作扫描的照片、视频板及计算机生成的图像。在数码领域，Nuke 已被用于近百部影片和数以百计的商业电视和音乐电视的制作。

7）Digital Fusion

Digital Fusion 是一款非常好的节点式视频合成软件，支持 AE 的 Plugin 和著名的 5D 抠像 ULTIMATTE 插件。它是基于流程线和动画曲线的合成软件之一，非常适合操作 Autodesk Maya、Autodesk Softimage、3D 软件的动画师共同合成使用。

8）Combustion

Combustion 是一种视频特效合成软件，基于 PC 计算机或苹果计算机平台进行工作，是为视觉特效创建而设计的一整套"尖端工具"，其中包含了矢量绘画、粒子、视频效果处理、轨迹动画及效果合成等五大工具模块。该软件提供了大量强大且独特的工具，包括动态图片、三维合成、颜色矫正、图像稳定、矢量绘制和旋转文字特效、表现、Fash 输出等功能，具有运动图形和合成艺术的创建功能及交互性界面的改进功能，增强了其绘画工具与 3dsmax 软件的交互操作功能，可以通过 Cleaner 编码记录软件与 Fint、FAME、Autodesk Inferno、Autodesk Smoke 同时工作。

9）爱剪辑

爱剪辑是一款颠覆性的剪辑产品，它根据中国人的使用习惯、功能需求与审美特点进行全新设计，许多创新功能都颇具首创性，操作简单，功能较多，剪辑快，成为中国本土出色的免费视频剪辑软件，被自媒体、家庭视频制作从业者广泛应用。

10）绘声绘影

绘声绘影是加拿大 corel 公司制作的一款功能强大的视频编辑软件，具有图像抓取和编修功能，可以抓取、转换 MV、DV、V8、TV 并实时记录抓取画面文件，同时提供超过 100 种的编制功能与效果，可导出多种常见的视频格式，可以直接制作成 DVD 和 VCD 光盘，被业余视频制作领域广泛应用。

后期合成软件类型多样，接触其中一种之后，会发现基本上所有软件的工作原理和方式基本相同，只是操作界面和按钮不同而已。对于影视的后期合成制作来说，软件只是一种技术手段，对镜头的合理编辑、影片的艺术创作、动画的流畅播放、视觉的最佳呈现，才是我们后期需要认真学习研究的方向。

2.5　小　　结

视频制作原理是影响后期制作的重要基础知识,相关问题也是影响后期制作中经常会遇到的主要问题,只有掌握视频的制作标准、数字图像的构成、常用视音频格式,才能较好地理解和运用影响后期制作的技巧,从而提高工作效率。

2.6　课后思考与练习

(1)什么是电视制式?电视制式有哪些?

(2)常用的视音频格式有哪些?

(3)简述标清、2K、4K 分别在电视制作中的标准。

(4)色彩深度的含义是什么?

第 3 章

视频剪辑软件Adobe Premiere Pro

知识点应用：要完成影视后期制作的工作，就要熟练掌握软件制作技术。数字软件具有功能强大而复杂的特点，使用者需熟悉数字软件的各个窗口及工具的位置，并能灵活地应用，尤其是掌握一些快捷键的使用，从而大大提高工作效率。同时，影视创作者要掌握一定的剪辑理论知识，重点是学会镜头剪辑点的选择和使用，流畅的剪辑可以让作品获得较好的创意表达和视觉冲击力，为观众提供完美的视听享受。

学习重点：

- 了解 Adobe Premiere Pro 软件界面的基本构成、常用窗口及工具。
- 熟悉视频后期剪辑的基本流程。
- 熟悉剪辑理论知识，学会寻找视频镜头剪辑点。
- 学会用软件做基本的视音频的剪辑与合成。

3.1 认识 Adobe Premiere Pro

Adobe Premiere Pro(简称"Pr")软件是一款由 Adobe 公司推出的开发较早、在媒体生产制作中经常用到的视频编辑软件。它编辑画面质量比较稳定,有较好的兼容性,且可以与 Adobe 公司推出的其他软件相互协作(如 Ps、AE 等软件),大大增强了后期编辑的工作效率。该软件常用于视音频剪辑与合成,有简单的视频特效功能,不建议使用该软件制作复杂的动画特效。目前这款软件广泛应用于影视广告制作和电视节目制作中。

在使用前,先了解 Pr 软件界面的基本构成,利用 Pr 进行视频编辑时通常要用到以下几个窗口:

(1)监视器窗口(图 3-1-1):左边监视器为预览素材,入点、出点设置,右边监视器为预览时间线上的最终合成效果。

(2)项目窗口(图 3-1-1):用于素材导入、管理,建立字幕,等等。

(3)时间线(图 3-1-1):剪辑素材、视音频合成、音量调整。

(4)效果控制(图 3-1-2):关键帧动画位移、缩放、旋转、特效设置等。

(5)工具栏(图 3-1-2、图 3-1-3):常用工具包括选择工具、向前选择轨道工具、波纹编辑工具、剃刀工具、外滑工具、钢笔工具、手形工具、文字工具。

图 3-1-1　各窗口面板

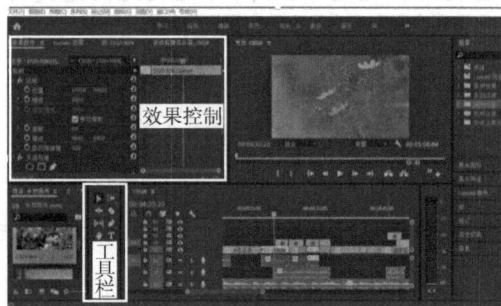

图 3-1-2　效果控制面板

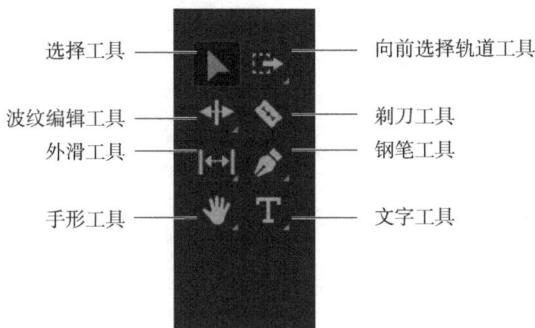

图 3-1-3　工具栏

3.2 剪辑基本流程

1)视频后期剪辑的基本流程

剧本和拍摄素材准备→启动软件新建工程→管理与预览素材→镜头剪辑与组接→视频特效→添加字幕转场→音频编辑→预览调整→保存输出。

2)具体内容

(1)准备分镜头剧本和已拍摄好的视音频文件、动画等素材。

(2)启动 Pr,新建工程文件,保存工程名称。

(3)将视频、音频素材、图片导入素材管理窗口,在监视器窗口观看视音频素材。

(4)按照剧本和节目要求,对需要的镜头进行筛选。将打好入点、出点的镜头按顺序排列在时间线上,并不断预览镜头组接效果,使得镜头连贯、动作流畅。

(5)利用特效滤镜对单个镜头进行特技处理,使得镜头符合创作需要,如进行调色、抠像、变形、艺术化、运动动画处理等。

(6)利用标题(Title)窗口和标题菜单生成标题文件,添加到需要的镜头上面,如对白、台词、字幕。根据剧情转换和剪辑要求,在两个镜头之间添加转场特技,如添加淡入淡出、白场转换、叠画等特技,使得影片、镜头转换自然。

(7)为视频配音,将声音素材片段置于声音轨道上,调整效果和同步位置,根据创作需要添加对白、背景音乐、背景音效。

(8)整体预演片子,修改和调整视音频及动画,使得视频播放流畅。

(9)保存项目文件,输出编译为视频,通常为 AVI、MPEG、MOV 格式。输出时注意输出工作区域的设置(入点、出点),并养成随时保存项目文件的习惯。

3.3 视频剪辑方法

视频剪辑是影视后期制作中最主要的工作环节,在影视剧制作分工中,有专业的剪辑师负责此项工作。但是,作为一般影视或新闻从业人员,也要掌握基本的视频剪辑方法,才能对影视后期制作做到心中有数。视频剪辑的原则包括剪辑有章法,稳而不乱,画面组接干净流畅,让观众欣赏到自然流畅的视听画面。

要剪辑视频中的镜头,就要寻找正确的剪接点,那么什么是影视镜头的剪接点呢? 剪接点是影视剪辑中的专业术语,它的含义就是把不同内容的镜头画面相连接,使之构成一个完整的动作或是概念;简单地说,两个镜头画面相连接的点就是剪接点。剪接点的选择可以反映人物的动作性和逼真性,直接起到塑造人物形象的作用,从而使得影视片的内容和情节的发展更合乎生活的逻辑和艺术的节奏。

把握好剪接点是剪辑工作的基础,根据表达需要、镜头转换依据和声画性质,可以将剪接点分为画面剪接点和声音剪接点两种类型。

画面剪接点包括叙事剪接点、动作剪接点、情绪剪接点、节奏剪接点、镜头运动剪接点,声音剪接点包括对白剪接点、旁白剪接点、读白剪接点、解说剪接点、音乐剪接点、音响效果剪接点。

3.3.1 画面剪接点

1) 叙事剪接点

叙事剪接点以观众看清画面内容、听懂解说词叙事,或者看明白情节发展所需的时间长度为依据,这是影视作品最基础的剪接依据。

镜头转换不仅是影视作品叙事表现的需要,也是观众观赏的需要。每一次的镜头转换都意味着观众注意力从一个视觉形象转移到另一个视觉形象上,而镜头的长度决定着视觉形象刺激观众注意的强度和观众的接受程度,一个能给人们带来未曾预料的事实或更多信息量的镜头,相比于人们熟视的镜头,显然会得到更多的关注。

一般情况下,一个镜头必须有能够保证让观众看清内容的最低限度的时间长度,这个低限长度是以展示画面内容为基础的,同时要视景别、内容、上下情景而定。比如,一个人上课专心听讲的全景和中景的连接,如果这两个镜头连接不是为了某种戏剧性的强调,或者是为了表现某种情绪,镜头之间也没有明显的动作点,仅仅是为了多视点组接"上课听"的内容,那么这两个镜头的剪接点基本上就取决于低限长度。另外,在画面组接中,景别的变化代表视点的变化,不同景别的组合形成不同的叙述效果、情绪效果和视觉效果。镜头编辑要掌握并有机地运用景别的功能。

现阶段,许多影视作品缺乏主体的动作力度和情节悬念,即便是悬念情节的营造,也大多是通过解说词说明或镜头组接的结构安排来实现的。由于较少具有动作的连贯因素,人们更注意影视作品中表现事物自然进程的另外两个因素:一是主题的各方面表现,二是该事物中引发观众注意的兴趣点和情绪点。因此,以镜头长度满足叙事要求,以镜头连接表现主题,是影视作品编辑中最基本、最常见的方式,对于初学者而言,把握好镜头"低限长度"是正确控制剪接点的第一步。

2) 动作剪接点

动作剪接点是影视剪辑中的常见内容,尤其是在影视剧中的动作表现镜头中。此类剪接点主要以"形体动作"为基础,以剧情内容和人物在特定情境中的行为(包括内在动作,如情绪、节奏)为依据,结合实际生活中人体活动的规律来处理。

例如,一个人去参加会议,到了大门口进入会场。第一个镜头是全景,摄影(像)机架在场内以正面拍摄,镜头从门口跟摇,直至此人到桌前坐下。第二个镜头是中近景,侧面拍摄,人物走两步至桌前坐下。这就出现了两个不同景别、不同角度,表演同一动作的两个镜头。这就意味着这两个镜头的连接是以"坐下"这个动作来寻找剪接点。那么如何来选择剪接点呢?生活中人的"坐下"看上去是一个连续不间断的动作,通过摄影(像)机的记录,当把这个动作一格(帧)一格(帧)地分解开来时,就会发现"坐下"这个动作并不是连续的,而是在连续的中间有1~2格(帧)的停顿处。就是说,一个完整连续的大动作中有小动作,这个瞬间的暂停处就是剪接点。但要注意,上个镜头一定要把停顿的1~2格(帧)用起来,这样衔接起来,动作才流畅,画面才无跳跃感。

又如,人物从"坐"到"起"剪接点的选择。"起"同"坐"在剪接上是一个道理。正常情况下,"起"也是一个完整的连续的大动作,其中有小动作,也有停顿处。剪接时,仍要在动作的转折处确定剪接点,把停顿的部分全部留在上个镜头,下个镜头从动的第一格(帧)用起。这样剪出来的效果,同样是动作流畅,无跳跃感。那么,换一种带有情绪的动作剪接就不同了。

还是上个例子,此人在会议进行一半时,突然非常气愤,一怒之下站起来。这个动作的剪接点就不同于正常情况下人物"站起"所选的点,而是要结合剧情内容的需要,随着人物表演的进展,在原来正常情况下所选的点的基础上减去1~2格(帧)作为这个动作的剪接点。切记,减去的格(帧)一定要剪下一个镜头,而不能剪上一个镜头。如剪上个镜头,点的选择处就不是在动作的转折处而是在动作中,再接下个镜头的动作,画面必然要跳,动作不流畅。因此,上个镜头的点仍保留原来停顿处的最后一格(帧)。这样剪接,动作急促而流畅,并符合人物此时的心情。这个剪接点的选择之所以是准确的,是因为剪接点的选择是随着戏的内容、人物的情绪而确定的。

主体动作剪接点是以形体活动为基础,选择主体外部动作发生显著变化后之处作为动作剪接点。它包括相同主体动作剪接点和不相同主体动作剪接点。

(1)相同主体动作剪接点

①主体位置固定的画面,选择姿态刚发生明显变化后,作为动作剪接点。例如,坐着的人站起来,低头的人抬起头,在这些姿态刚刚改变后,可将镜头切换到下一个镜头。

②主体位置移动的画面,选择运动方向或速度刚发生变化后,作为动作剪接点。例如,汽车刚转弯后或人的脚步由慢突然变快后,就立即将镜头切换。

③主体出入不同空间的画面,选择主体走出画面或走入画面前,作为动作剪接点。主体可以出画入画,如人从家里走出画面,切换到走入办公室画面;主体也可以只出不入,如从办公室走出画面,切换到在街上行走。

④主体由静到动或由动到静的画面,选择动作刚开始或停止后,作为动作剪接点。例如,驾驶员起动汽车,由刚起动的近景切换到汽车开走的远景;一个人在图书馆走到书架前刚站住的全景,切换到从书架上抽出一本书的近景。

(2)不同主体动作剪接点

不同主体的运动或同一主体的不同运动的画面,选择它们所做运动的内在联系因素,如动势方向一致、连贯,动作形态相似、完整的瞬间,作为动作剪接点。

①选择动势方向一致的地方作为动作剪接点。直线运动的主体,当朝同一方向运动时切换,使观众的视线方向保持一致;曲线运动的主体,前后镜头要保持连贯,如从单杠的大回环转到跳马的空翻落地,也是利用动势保持观众视线的连续。

②选择形态相似的地方作为动作剪接点,如旋转的汽车轮切换到旋转的自行车轮。

3)情绪剪接点

情绪剪接点要以"心理动作"为基础。

(1)选择人物情绪的高潮处——喜、怒、哀、乐作为画面剪接点,利用情绪的贯穿性切换镜头,可获得紧凑而不露痕迹的效果,起承上启下的作用。

(2)根据不同形式的表情因素与内心活动,结合镜头造型与节奏,创造人物情绪感染效果。

在歌舞片、戏曲片中结合音乐的旋律、节奏、乐句、乐段、锣鼓点来选择剪接点;在其他影视片中,情绪的剪接点可稍放长些,但不能过短。例如,电视剧《马江之战》中一场戏。张佩伦行使钦差大臣的权力,摘掉了夏康华的顶戴花翎,震住了闽浙总督府的督府大人何景一时心情舒畅,在花园里观景吟诗。这是一个长镜头。全景中张佩伦从远处走来,镜头一直跟着人物而动,最后张佩伦站在台阶上,望着前方的景色,惬意地吟诗抒怀,镜头推至张佩伦的中近景。当张佩伦吟诗完毕,并没有马上切入下面的镜头,而是将此镜头放长,让观众从张佩伦的面目表情上看到他此时此刻春风得意的心情,把张佩伦的心态充分地表现出来。虽然画面中没有语言动作,也无形体动作,但人物的心理动作仍在继续,情绪仍在延伸。如果镜头画面只从语言或形体上连接的话,人物的心态就不能充分地展现,观众的情绪也将受其影响,艺术效果也将失色。

再以电视剧《红楼梦》中林黛玉出场的一个镜头的情绪剪辑为例。这场戏描写的是林黛玉告别父亲、家乡,乘船前往贾府。一路上,想起过世的母亲,自己又孤单一人,不禁黯然神伤。这场戏,运用林黛玉出场的一个近景镜头来展示此时此刻人物的心情。原始素材中,这个镜头拍摄得不够理想,一是人物造型不够美,二是镜头长度不够。为了达到艺术的完美,导演将这一镜头重新补拍。剪辑时,为渲染人物此时此刻在规定情境中的情绪,也为了让观众对林黛玉的第一次出场有一个较深刻的印象,剪辑将这一镜头用了一分多钟,将人物的情绪充分展示出来。原来这个镜头是有旁白的,但不多,镜头放长后如果按照一般的叙述节奏,旁白将很快说完。因此,录音时旁白是随着画面内人物进展、动作变化而配音的,使声画和谐,感染力很强。

最后以电视剧《特殊连队》中一个远景镜头的情绪剪辑为例。红军经过艰苦跋涉,甩掉了国民党几十万大军的围追堵截,到达雪山脚下。镜头运用远景画面向观众展示红军向雪山进发的场面。这个镜头总长为两分多钟,而且画面的构图、光影、色彩等表现力很强。为了渲染情绪,剪辑将这一镜头共运用了 1 分 47 秒,加上字幕和旁白的烘托,展现了红军战士在这种恶劣的环境下仍不怕艰难险阻,勇往直前的精神和气势,使画面内容和观众的情绪融为一体。

总之,情绪的剪接点不同于形体动作的剪接点,它在画面长度的取舍上余地很大,不受画面内人物外部动作的局限,只是着重描写人物内心活动、渲染情绪和制造气氛。

形体动作在剪接点的选择上只要掌握动作的规律是容易把握的,而情绪剪接点却全凭剪辑人员对影视作品剧情、内容、含义的理解及对人物内心活动的心理感觉。因此,情绪剪接点没有固定的规律,也很难用概念来加以解释。剪辑人员对影视作品的内容及人物的理解程度不同,剪辑的效果也就不同。所以,情绪剪接点是最能检验剪辑人员艺术素养的部分。剪辑人员只有具有一定的功力,才能使影视作品在渲染情绪、刻画人物上达到预期的艺术效果。

4)节奏剪接点

节奏剪接点是指对于没有对白的镜头画面,主要以故事情节的性质和剧情的节奏为基础,以人物关系和规定情境下的中心任务为依据,结合戏剧情节、造型因素、语言动作、情绪节奏以及画面呈现的特征,用比较的方式处理镜头的长度。节奏剪接点在过场戏、群众场面与战斗场面中起着特别重要的作用。

视听技术突飞猛进地发展,各类片种争先恐后地出现在屏幕上。特别是种类繁多的专题片的问世,更使影视作品丰富多彩。因此,剪辑时,在选择画面节奏剪接点的同时,还要考虑声音的剪接点,实现声画对位,声画合一。

5)镜头运动剪接点

镜头运动剪接点是以动接动、静接静、动接静、静接动为基础,防止镜头运动之间、运动镜头与固定镜头之间的剪接点产生视觉跳动。

(1)镜头运动之间的剪接点

①镜头运动方向相同的剪接点采用动接动组接,从而产生一气呵成的效果。例如,几个连续右摇的风景镜头组接在一起,产生长卷式横画的效果。

②镜头运动相反的剪接点,采用静接静组接,镜头要有起幅、落幅才不会产生视觉跳动。例如,左摇镜头落幅后,才切换到有起幅的右摇镜头。

(2)镜头运动与固定镜头之间的剪接点

镜头运动与固定镜头之间的剪接点要根据固定镜头的主体是静止还是运动去选择。

①镜头运动与静止的固定镜头之间的剪接点采用静接静组接,镜头运动要有起幅、落幅才不会产生视觉跳动。例如,当一个摇镜头落幅后,才能接静止的固定镜头。

②镜头运动与运动的固定镜头之间的剪接点采用动接静组接,利用主体运动的动势将运动协调起来。例如,跟拍一辆行驶的汽车,切换到汽车驶向远处的固定画面。

主体运动、摄像机运动以及镜头转换形成的运动共同构成了屏幕运动形态。镜头内外的运动是影响剪接点的重要因素,剪辑人员要熟练掌握各种运动的剪辑技巧,妥善处理剪接点,挖掘动态剪接的表现力。

(3)穿插镜头剪接点

穿插镜头剪接点是以校正跳轴镜头为基础的。

①选择主体运动刚转弯,转身或转头后作为穿插镜头剪接点,使跳轴运动有逻辑关系。

②选择主体在画面中间做垂直运动作为穿插镜头,使用这些没有明显方向的中间镜头,可减弱跳轴运动的冲突感。

③选择主体的特写镜头作为穿插镜头,特写镜头引人注目,从而分散主体跳轴镜头,减弱相反运动的冲突感。

④插入空镜头。

3.3.2　声音剪接点

1) 对白剪接点

对白剪接点(包括戏曲韵白的剪接点)主要以"语言动作"为基础,以对话内容为依据,结合规定情境中的人物性格、言语速度、情绪节奏来选择剪接点。在戏曲片中,有韵白(道白),要结合音乐与锣鼓点来选择剪接点。

人物对话剪接点可分为两种表现形式,五种处理方法,具体剪法如下。

(1) 人物对话的平行剪辑即平剪(也称同位法)。它有三种剪接方法:

①声音与画面同时出现,同时切换。上个镜头的声音结束后,声音与画面都留有一定的时空(图 3-3-1);且下个镜头切入时,画面与声音也留有一定时空。这上下两个镜头都要根据人物对话的情绪选择剪接点。

这种剪辑方法适合与会议上的发言人物在正常情况的对话聊天等。

②声音与画面同时出现,同时切换。上个镜头的声音一结束,声音与画面立即切出,而下个镜头的声音与画面都留有一定的时空(图 3-3-2)。这两个剪接点的选择应是上个镜头的一完即切;下个镜头则应根据人物的表情动作,心理动作,结合剧情的需要,恰当地选择。

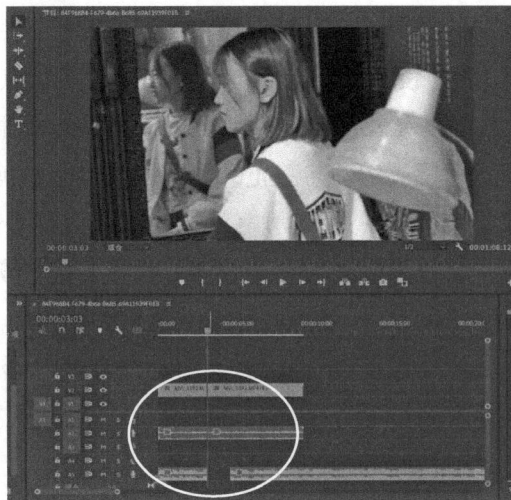

图 3-3-1　声画同步且上下镜头均具有一定时空　　　图 3-3-2　声画同步仅下个镜头留有时空

这种剪接方法在人物的对话中最为常见。它表明,上一个镜头人物话音一结束,就表现下一个镜头中人物的反应。这种剪辑方法比上一种剪辑方法更灵活。

③声音与画面同时出现,同时切换。上个镜头的声音一结束,声音与画面立即切出,下个镜头一开始,声音与画面立即切入(图3-3-3)。这两个剪接点的选择应是:上个镜头的声音一完即切,下个镜头一开始声音与画面即刻切入。

这种剪辑方法在人物对话中不常用,只有在剧情需要时,如两人吵架,争得面红耳赤,用这种剪辑方法最为合适,因为它有较强的节奏感。

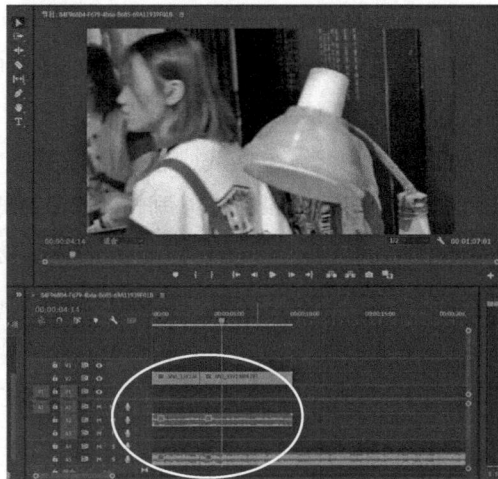

图3-3-3　声画同步且无须留有时空

总之,这三种剪辑方法的优点是平稳、严肃、庄重,能具体地表现出人物规定情境中所要完成的中心任务;而不足之处是显得较呆板。

(2)人物对话的交错剪辑即串剪(也称串位法)。它有两种剪接方法:

①声音与画面不同时切换,而是交错地切出、切入。上个镜头画面切出后,声音拖到下个镜头的画面上;而下个镜头的声音要与本镜头的口型、动作相吻合(图3-3-4)。

②声音与画面不同时切换,也是交错地切出、切入。上个镜头的声音切出后,画面内的人物动作仍在继续,而将下个镜头的声音挪到上个镜头的人物表情动作中去(图3-3-5)。

图3-3-4　声画不同步且上个镜头声音
拖到下个镜头画面

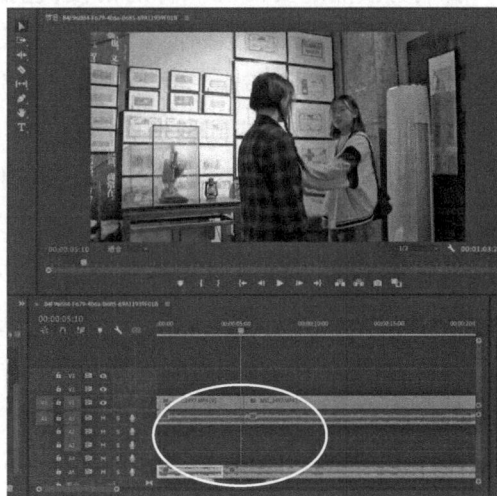

图3-3-5　声画不同步且下个镜头声音
挪到上个镜头画面

这两种交错式的剪辑方法在人物对话中也较为常见。其特点是生动、活泼、明快、流畅而不呆板。在选择剪接点时,首先要从剧情的内容出发,结合人物的表情及人物对话的内涵,使之与画面呈现相匹配,恰当地选择剪接点。这种声音与画面的交错式剪辑,既能产生人物情绪上的呼应与交流,又能使对话流畅、活泼,有一定的戏剧效果。

2)音乐剪接点

音乐剪接点(包括戏剧音乐的剪接点)主要以乐曲的主题旋律如节奏、节拍、乐句、乐段和戏剧的锣鼓经为基础,以剧情内容,主体动作、情绪、节奏为依据,结合镜头造型的基本规律,处理音乐长度,选准剪接点。音乐剪接点在歌舞片和戏剧片中特别重要(在歌唱场面中,则以歌词内容、乐句来处理画面长度,选择剪接点)。

例如,某电视剧,剪辑将片头字幕的画面衬底留了 2 分钟作为主题歌的长度,但作曲家却将主题歌写了 2 分 36 秒。这长出 36 秒的乐曲时间无法与画面相匹配。在这种情况下,又不能重新剪辑片头字幕衬底,只好在音乐上删剪,重新选择剪接点。经过多次试剪,直接与第二段歌词的后半部相连接。这样处理,既保证了画面的完整性,又使音乐的旋律和谐统一。这是因为,在删剪音乐时,剪接点的选择是选在一个乐段结束时切出、切入的,毫无破绽,保持了歌曲旋律的完整性。

3)音响剪接点

音响剪接点(包括歌舞、戏曲以及特殊音响的剪接点)主要以戏剧动作为基础,结合各场戏的规定情境,以人物活动和情绪为依据,掌握音响与形象的关系,按照剧情的要求加以对比和选择。准确地选择音响剪接点,能使音响效果在衬托人物情绪、强调人物动作、渲染人物内心活动、烘托人物在特定环境中(包括群众场面和战斗场面等)的真实感上更加逼真。

音响剪接点还要注意声音的衔接,包括强接强、弱接弱、强接弱、强接静、静接强、静接弱、弱接静等不同方式,达到使音响内容具有真实感的效果。

音响剪接点在一部片子中占有很大的分量,不可忽视。它不同于对白剪接点和音乐剪接点,在声音的处理上应同画面剪接点一样,使音响达到一定的听觉形象的艺术效果。

对白剪接点由于受画面内人物口型的制约,在声音剪接点的处理上,必须与画面相匹配;音乐剪接点也如此,它受音乐的旋律、节奏、节拍、乐句、乐段的局限。而音响效果的剪接点既从属于画面,又不受画面的制约。它是根据剧情的需要和环境气氛的需要,对音响声音的强弱、远近进行制造气氛的艺术处理。特别是战斗场面音响效果的剪辑,剪接点的选择就更为灵活、自由。比如,表现炮弹在空中飞行声的音响效果,剪接点的选择首先要看是属于前景的爆炸声,还是属于背景声,距离多远,是从敌人阵地发射的,还是从敌后方发射的,根据具体环境,参照画面进行具体处理。距离近,炮声及爆炸声可强,飞行声可短;距离远,炮声及爆炸声可弱,飞行声就可长。如果原有的炮弹飞行声不够长,还可将其飞行声加以拼接。这种放长、剪短、减弱的剪辑,就是音响剪接点的选择。再有,为了制造战争气氛,多种声音如炮声、枪声、手榴弹爆炸声、人的喊叫声等都将出现,剪接既可将各种声音分剪开来,插接其他音响声音,也可将各种音响拼接使用。例如,炮弹声可在其中间插接机关枪的声音、人的声音。这一层次清晰、混合多变的音响效果就比单一的炮声或没有层次的各种音响声音混在一起的效果更具有战争氛围。

音响效果的挖剪处理,如手枪声,当剧情不需要那种平稳的一枪、一枪的射击时,那么就可将每枪的头音相接,把尾音挖掉,形成短促、有力、紧张的效果。但间断处和结尾处要有余音,不可戛然而止。再如,人的笑声太长而剧情不需要的话,也可将中间的笑声挖掉,但要注意在笑声的强弱处选择剪接点。

背景音响的剪接点尤为灵活、自由。只要能达到所需要的战斗氛围、环境气氛、自然气氛,在声音的处理上,可随意剪辑。例如,指挥员在前沿阵地研究作战方案,与此同时,敌人发起进攻,这种音响效果的剪接点就可根据剧情,以及声音的强弱、远近等,自由地发挥,但要合乎战斗音响的逻辑。

还有很多环境音响,如前景人物背景的音响声音就要服从前景的人物对话。但不能没有背景声,若只有人物对话声,那环境气氛就将体现不出来。这种音响效果的剪辑,背景声就可自由地处理,如叫卖声、嬉笑声、讨价声、吆喝声等,可随着人物对话的间歇转换处加强、减弱,可远可近。

音响效果的剪接点创意性强,可在不同情况下采用不同的处理方法。但这又不是绝对的自由发挥,在一定程度上受到剧情的制约。比如,一个人坐在那沉思,画面运用钟摆的滴答声来比喻人物此时此刻复杂、烦乱的心理。这种音响效果的剪接点就必须与画面内钟摆的摆动相匹配,而不能自由发挥。还有一些描写环境气氛的自然音响效果,如海水冲刷礁石所发出的巨响及落下去的水声,这种音响效果也必须与画面内海水的起幅、落幅动作一致,否则,画面与声音将是脱节的。

总之,音响效果的剪辑技术性很强,但它又是为艺术服务的,旨在用科技手段来达到艺术效果。

在影视片的剪辑过程中,无论选择哪种剪接点,都应是为内容服务的,要结合素材来考虑和判断,具体、合理地选择剪接点。那么,剪接点选择的准确与否以什么为标准呢?首先要以屏幕所播放出来的画面效果为标准;再者要注意画面镜头组接是否符合剧情发展,情节贯穿、动作连续、语言通顺、节奏明快而流畅等。一般来说,在两个镜头相连接时,只有一个最佳的剪接点。但是,剪接点往往又受到镜头造型因素和戏剧动作的制约;同时,导演、剪辑人员在镜头组接及处理方法上,由于喜好和习惯的不一致,也直接关系着剪接点的选择。因此,剪接点的选择是一个较为复杂的问题,不同的人对于剪接点的选择有着不同的处理方法。但说到底,剪接点的选择最终要看屏幕效果。

不论是画面剪接点还是声音剪接点,都是以画面内人物形体动作为依据的,离开这一点,也就无须谈剪接点了,人物形体动作和声音通常通过以下三个表情来体现:

(1)人物的面部表情。面部表情往往是人物的心理活动,是人物的情绪导致面部表情的重要因素,而面部表情又是情绪的结果,是人物感情的流露和表现。

(2)人物的声音表情。声音表情也是了解情绪或感情的重要依据,人们在未看到画面之前从声音就可以知道是何种情绪了,如京剧里的叫板、唱腔、画外音的处理等。同时,声音代表着人物的心态,如呻吟使人想到痛苦,笑声使人想到高兴,惨叫使人想到恐惧。

(3)人物的动作表情,主要是指形体姿态,如手舞足蹈、捶胸顿足等。这种动作表情仅是提供判断情绪的一种辅助手段,因为动作的表现,可能因人物的身份不同、文化层次不同和性格的不同而产生差异。

总之,三种表情与感情有着密切的关系,情绪的表现是人物思想活动的反映,应该将三种表情结合起来,考虑人物情绪(人物感情、人物声音、人物形体动作)的综合性,恰当选择剪接点来处理镜头的长短,以达到镜头组接在韵律与节奏上的和谐统一。

3.4 案例练习——喵咪广告

3.4.1 演示说明

利用 Adobe Premiere Pro CC 2018 中的相关属性,通过使用事先准备好的视频素材,使用各类剪接点编辑视频,这里主要用的是声音剪接点和抠像技术,要求声画对位,按声音剪辑,把握节奏感。

3.4.2 操作说明

1)抠像技术

将【效果-视频效果-蓝屏键】拖拽到目标素材上,如图 3-4-1 所示,所需要的画面就会透过来;但此时还需调整透过来的画面的位置,使画面更加协调,效果如图 3-4-2 所示。

图 3-4-1 蓝屏键的使用

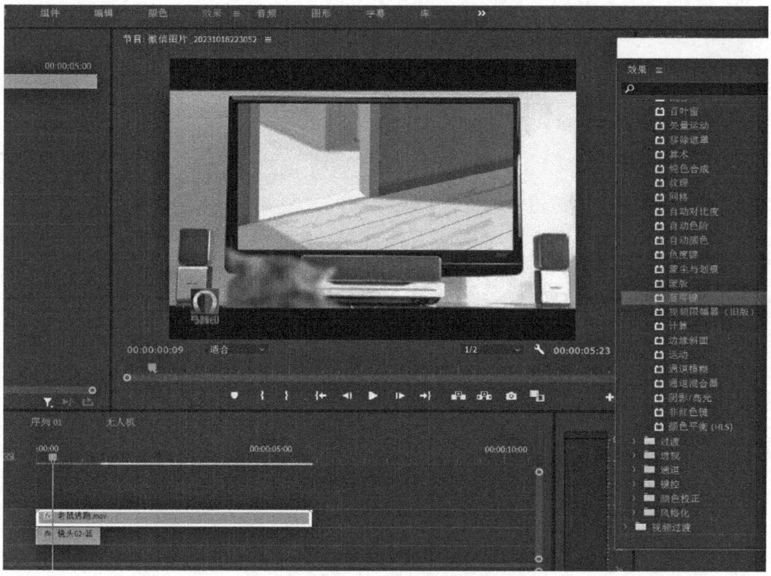

图 3-4-2　抠像技术的效果图

2）剪辑要求

调整片段节奏。通过工具【选择 V、裁剪 C】拖动、裁剪素材调整片段节奏,使画面剪辑镜头节奏与声音的韵律节奏一致,比如结尾音频中猫的喘息声与画面上猫的动作要一致。

3.5　小　结

本章要求熟悉 Pr 软件的各个常用窗口和工具,能够完成基本的视频剪辑工作。在影视后期编辑的基本流程中,素材管理至关重要,熟悉素材中镜头的基本内容,结合剧本提前思考形成影视后期编辑的基本思路,可以做到事半功倍。在影视后期基本编辑方法中,剪辑点选择特别重要,需要重点掌握,无论是什么类型的影视作品,都需要以原设计的戏剧动作、景物动作、镜头动作等因素为基础,结合每个镜头的具体情况,去选择适合于剧情发展、情节贯穿、动作连续、语言通顺、节奏鲜明的剪接点。

3.6　课后思考与练习

（1）如何有效管理项目素材?

（2）简述视频剪辑的基本流程。

（3）画面剪辑点的类型有哪几种?

（4）声音剪辑点的类型有哪几种?

第4章

视频编辑技巧

知识点应用:视频编辑时,常常要用到相关技巧。例如,镜头之间的组接需要添加转场特技,从而完成故事的场景转换;人物对白、解说词、工作人员名单需要添加字幕补充信息;而运动和关键帧设置则是实现动画的基础;动画使得视频丰富、有活力、更吸引观众。

学习重点:

- 掌握 Pr 画面转场的设置和多种效果。
- 掌握 Pr 字幕的设置和添加方法。
- 掌握 Pr 运动关键帧的原理和设置。
- 掌握 Pr 运动属性位移、缩放、旋转、透明度的动画设置。

4.1　画面转场概述

4.1.1　什么是转场

转场就是人们常说的过渡，即从一个场景过渡或切换到另一场景时画面的表现形式。简单说就是两个相邻镜头之间的组接技巧。

4.1.2　转场的作用

转场特效是在电影、电视剧中应用非常广泛的技术手法，可以解决两个场景切换过程中过渡生硬、不自然的问题，具有因果呼应、并列、递进、转折等逻辑关系，能起到承上启下、刻画心理、渲染气氛、增强视觉效果等作用。

4.1.3　转场特效的技术和应用

（1）运用摄像机的光学原理，产生过渡效果，如光圈的变化。

（2）运用后期非线编软件，添加设置数字转场效果。

（3）通过遮罩、遮挡等技术手段，先隐藏一个场景，同时显示另一个场景，但需要在两个场景切换的过程中添加其他画面内容。

4.1.4　Pr 的内置转场特效

Adobe Premiere Pro CC 2018 内置转场特效，包括 3D 运动（3D Motion）、伸展（Stretch）、划像（Ris）、卷页（Page Peel）、叠化（Dissolve）、擦除（Wipe）、映射（Map）、滑动（Slide）、缩放（Zoom）、特殊效果（Special Effect）10 类，每类包含不同特效，共 70 余种。

4.2　画面转场案例练习

4.2.1　制作思路

通过使用 Pr 软件的效果控件与选择工具、剃刀工具等相关工具，对素材进行处理，使用既有或事先处理好的光效素材实现画面转场，操作关键在于"将不透明度的混合模式调为变亮"。具体效果如图 4-2-1 所示。

a)   b)   c)

图 4-2-1 画面转场效果

4.2.2 演示说明

利用 Adobe Premiere Pro CC 2018 中的相关属性,通过使用事先处理好的效果素材实现视频画面的转场。所运用到的操作步骤包括:新建项目、新建序列、导入素材、新建素材箱、拖动素材至编辑工作台、编辑素材、导出媒体。

4.2.3 具体操作步骤

(1)新建项目【Ctrl+Alt+N】(图 4-2-2)。打开 Pr 软件(以 Adobe Premiere Pro CC 2018为例),新建项目并命名;然后新建序列【Ctrl+N】(图 4-2-3),选择合适视频预设命名并创建。

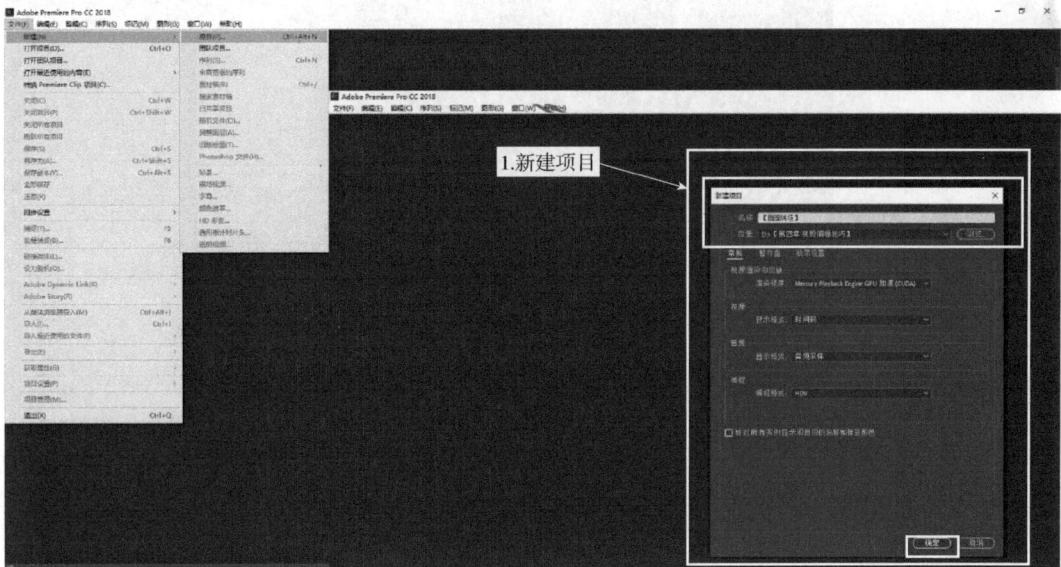

图 4-2-2 新建项目

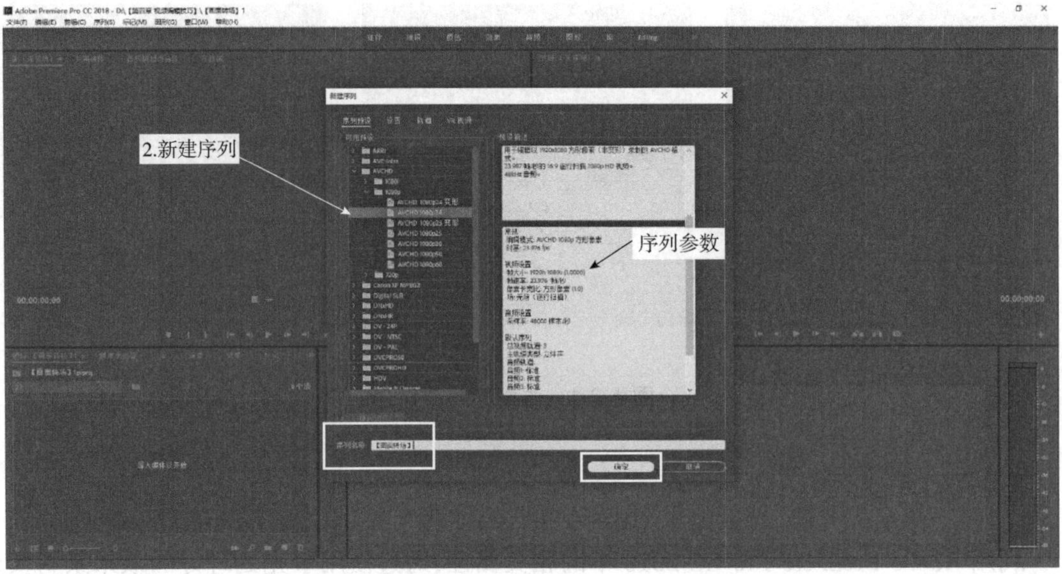

图 4-2-3　新建序列

（2）导入素材。拖入素材（图 4-2-4、图 4-2-5），【双击项目窗口空白处】或【导航栏文件–导入】或【Ctrl+I】导入素材。导入光效视频素材如图 4-2-6 所示。

图 4-2-4　导入素材方法一

图 4-2-5　导入素材方法二

图 4-2-6　导入光效视频素材

（3）调整素材参数。在【效果控件】面板调整素材各项参数，如图 4-2-7 所示，包括位置、缩放、旋转。

（4）【视频切换效果-擦除-百叶窗】转场效果。在调整好素材参数后，当对应的框内需要转场到下一张图片时，则可以选择【百叶窗】的效果，将【百叶窗】拖拽至下一张图片的首部（图 4-2-8），其转场效果如图 4-2-9 所示。

图 4-2-7　调整素材参数

图 4-2-8　【百叶窗】的使用

图 4-2-9　"百叶窗"的效果

（5）【视频过渡–滑入】转场效果。通过在【效果】面板处找到【视频过渡】中的【滑入】效果，将其拖拽至所需转场的图片首部，使其完成从左侧滑入的转场效果，如图 4-2-10 所示。若想要改变效果的时长、进入的方向等，点击图片首部的【效果】按钮即可在【效果控件】处设置，如图 4-2-11 所示。

图 4-2-10　"滑入"的视频效果图

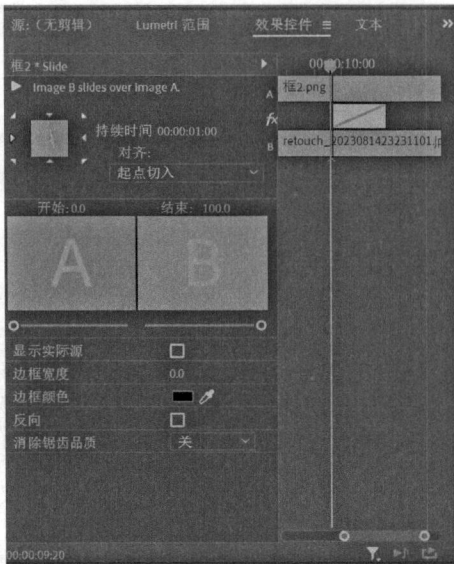

图 4-2-11 【效果控件】面板

（6）【视频过渡-叠化】转场效果。通过选择【效果】面板中的【视频过渡】中的【叠化】效果,将其拖拽至需要转场的照片的首部,使其前后两张照片形成叠化的转场效果。其效果如图 4-2-12 所示。

图 4-2-12 "叠化"的视频效果图

（7）排列素材。通过【选择工具 V】将素材顺序及层次关系排列好,相框通过覆盖照片制作相册,如图 4-2-13 所示。相框图层需提前用 Ps 处理好。

图 4-2-13 排列素材

(8)【不透明度-混合模式】选择【变亮】,制作闪光效果。通过【效果控件】面板设置不透明度关键帧,制作画面转场淡出淡入效果,效果如图 4-2-14 所示。将导入到时间轴的转场素材的【效果控件】中【不透明度】的【混合模式】调为【变亮】,使光效素材与视频画面相融合,出现闪光转场效果,效果如图 4-2-15 所示。

图 4-2-14 不透明度关键帧的使用

图 4-2-15　闪光转场效果图

（9）调整片段节奏。通过【选择 V、裁剪 C】拖动、裁剪素材调整片段节奏，如图 4-2-16 所示。

图 4-2-16　调整片段节奏

（10）保存工程文件，导出为媒体。最后【Ctrl+M】或【文件–导出–媒体】导出视频文件即可，步骤如图 4-2-17 所示。

图 4-2-17　保存并导出文件

（11）设置输出格式。设置导出媒体相关格式后点击导出，导出视频文件，如图 4-2-18 所示。

图 4-2-18　设置输出格式

4.3 字幕应用

4.3.1 实训目标

学生通过关于片头、台词、片尾等具体的实际案例制作过程详细地介绍 Pr 软件中的"字幕应用",可以学会如何为视频各部分添加相应的字幕。接下来将以倒计时片头、片中台词、片尾滚动字幕为例向学生介绍视频编辑中的"字幕应用"技能,学生能够通过演示的"字幕应用"实例了解视频编辑的字幕操作技巧,熟练掌握 Pr 软件中的"字幕应用"技能,并将该技能熟练应用于视频的编辑制作中。

4.3.2 字幕学习要点

运用 Pr 软件中的【旧版标题】【颜色遮罩】【文字工具】来制作片头倒计时字幕、台词字幕、片尾滚动字幕等。

需要掌握的要点有:

(1)熟练操作【旧版标题–属性、动作、样式】等(图 4-3-1),对字幕进行编辑。

(2)熟练使用其他工具,如【颜色遮罩】(图 4-3-2)等。

(3)熟练使用【文字工具】等字幕设计工具(图 4-3-3)。

(4)熟练制作滚动字幕。

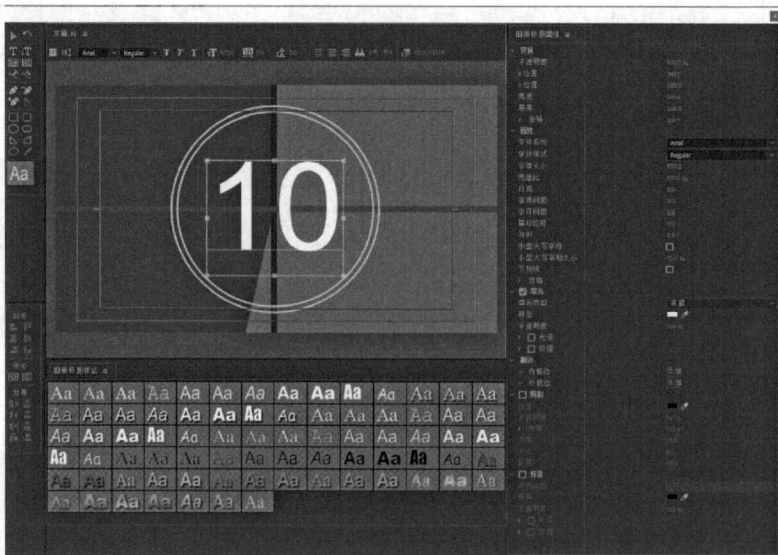

图 4-3-1 【旧版标题】面板

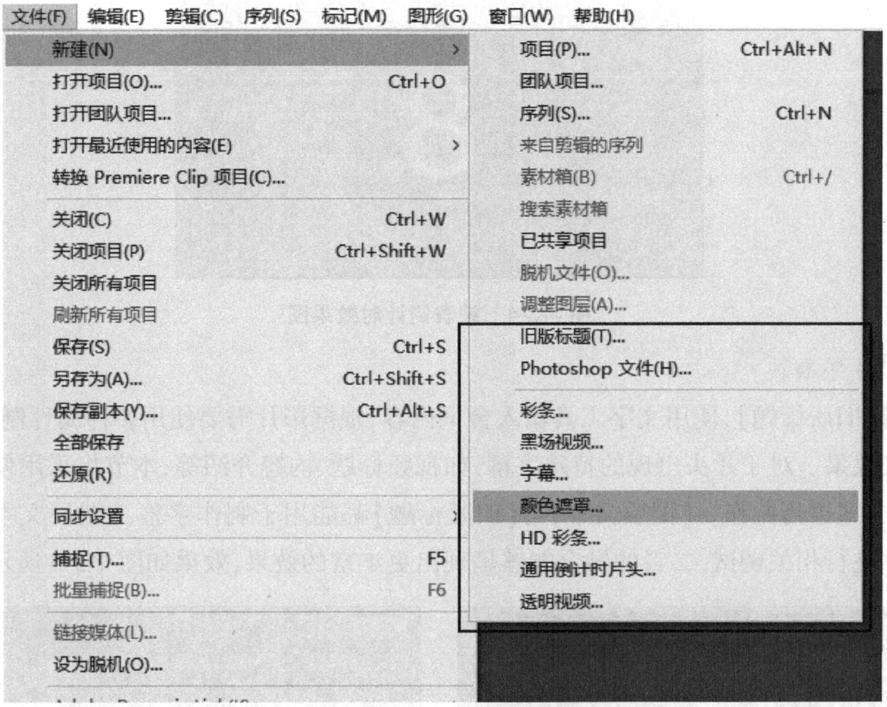

| 文件(F) | 编辑(E) | 剪辑(C) | 序列(S) | 标记(M) | 图形(G) | 窗口(W) | 帮助(H) |

新建(N)	>		项目(P)...	Ctrl+Alt+N
打开项目(O)...	Ctrl+O		团队项目...	
打开团队项目...			序列(S)...	Ctrl+N
打开最近使用的内容(E)	>		来自剪辑的序列	
转换 Premiere Clip 项目(C)...			素材箱(B)...	Ctrl+/
			搜索素材箱	
关闭(C)	Ctrl+W		已共享项目	
关闭项目(P)	Ctrl+Shift+W		脱机文件(O)...	
关闭所有项目			调整图层(A)...	
刷新所有项目			旧版标题(T)...	
保存(S)	Ctrl+S		Photoshop 文件(H)...	
另存为(A)...	Ctrl+Shift+S		彩条...	
保存副本(Y)...	Ctrl+Alt+S		黑场视频...	
全部保存			字幕...	
还原(R)			颜色遮罩...	
			HD 彩条...	
同步设置			通用倒计时片头...	
捕捉(T)...	F5		透明视频...	
批量捕捉(B)...	F6			
链接媒体(L)...				
设为脱机(O)...				

图 4-3-2 导航栏字幕应用窗口

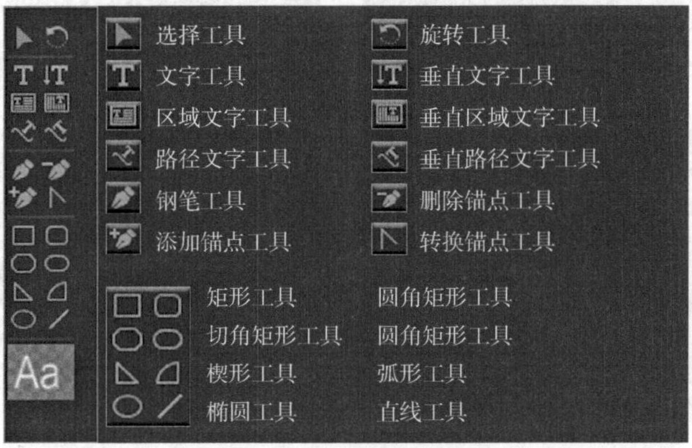

▶ ↻	▶ 选择工具	↻ 旋转工具
T ⫶T	T 文字工具	⫶T 垂直文字工具
▦ ▦	▦ 区域文字工具	▦ 垂直区域文字工具
⤳ ⤳	⤳ 路径文字工具	⤳ 垂直路径文字工具
✒ ✒	✒ 钢笔工具	✒ 删除锚点工具
✒ ▷	✒ 添加锚点工具	▷ 转换锚点工具
□ ▢		
◁ △	矩形工具	圆角矩形工具
◯ ╱	切角矩形工具	圆角矩形工具
Aa	楔形工具	弧形工具
	椭圆工具	直线工具

图 4-3-3 字幕设计工具

4.3.3 制作思路

1) 片头倒计时动画

首先, 打开【文件导航栏】, 点击【新建-颜色遮罩】, 拾取合适的颜色制作倒计时动画背景, 共两层; 其次, 通过【旧版标题】制作倒计时数字和钟表圆圈; 再次, 利用【颜色遮罩】添加横竖条效果; 最后, 利用【效果-时钟式擦除】为外层背景添加时钟擦除效果, 完成钟表倒计时的制作。最终效果如图 4-3-4 所示。

图 4-3-4　钟表倒计时效果图

2）影片字幕

使用【旧版标题】，使用文字工具输入台词内容，根据影片需要使用多种属性制作合适的字幕样式效果。对于片头出现的特殊字幕，如视频标题、内容介绍等，本节将采用使用【图层文本】的方式进行制作。【图层文本】与【旧版标题】都能用于制作字幕，【图层文本】可使用效果控件进行相关调试，二者的融合能够呈现出更丰富的效果，效果如图 4-3-5 所示。

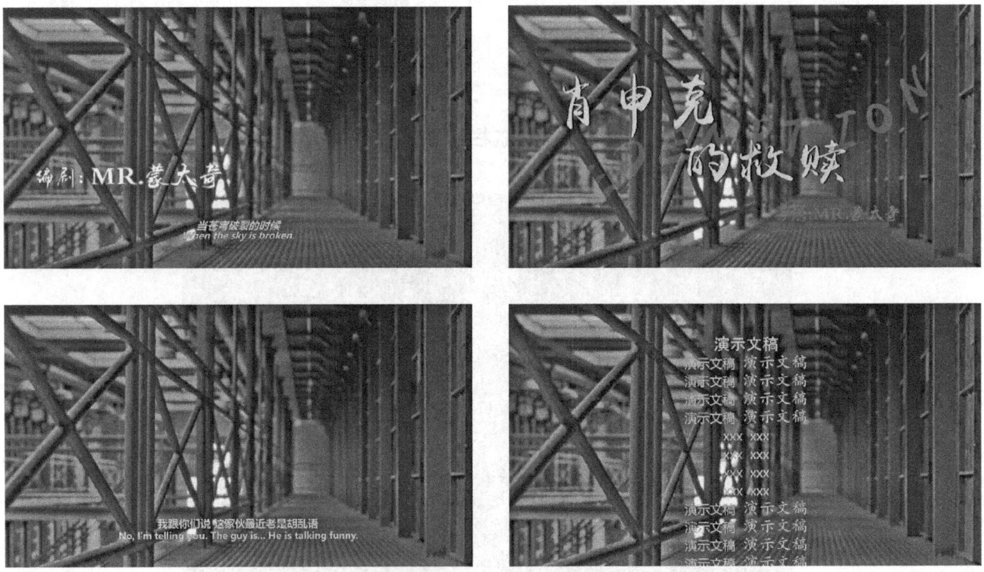

图 4-3-5　电影《肖申克的救赎》：影片字幕案例

4.3.4　演示说明

本演示通过对应字幕实例演示对片头、台词、片尾字幕进行剖析，详细了解片头、台词、片尾字幕的制作过程。具体操作步骤如下。

1）片头倒计时动画

（1）方法一。

①新建通用倒计时片头。点击导航栏【文件-新建-通用倒计时片头】如图 4-3-6，得到【新建倒计时片头】面板，点击【确定】，如图 4-3-7 所示。

图 4-3-6　新建通用倒计时片头步骤图

图 4-3-7　【新建通用倒计时片头】对话框

②设置倒计时片头属性。确定后进入倒计时片头属性设置面板,如图 4-3-8 所示。

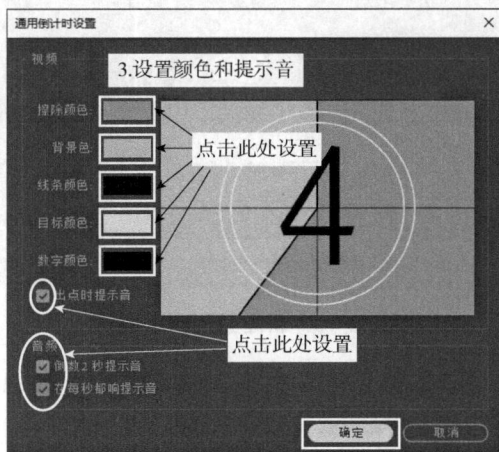

图 4-3-8　【通用倒计时设置】对话框

③生成倒计时片头。点击更换颜色、设置倒计时提示音。确定后生成片头倒计时模板，如图4-3-9所示。

图4-3-9　通用倒计时片头模板

（2）方法二。

①新建颜色遮罩制作背景图层一。点击【导航栏-文件-新建-颜色遮罩】制作两层不同颜色的倒计时片头背景，先制作第一层背景，如图4-3-10所示。

图4-3-10　新建颜色遮罩（一）

②设置背景色彩。确定后生成【拾色器】对话框，鼠标点击颜色确定选择，如图4-3-11所示。

③新建颜色遮罩制作背景图层二。选取好颜色后，弹出对话框，将弹出的对话框备注好

名称,点击【确定】,生成第一层背景图层;再将第一层背景遮罩复制粘贴,制作第二层背景遮罩,双击复制的颜色遮罩,在出现的拾色器中更改颜色,演示参考图 4-3-11,由此得到第二层背景,制作过程如图 4-3-12 所示。

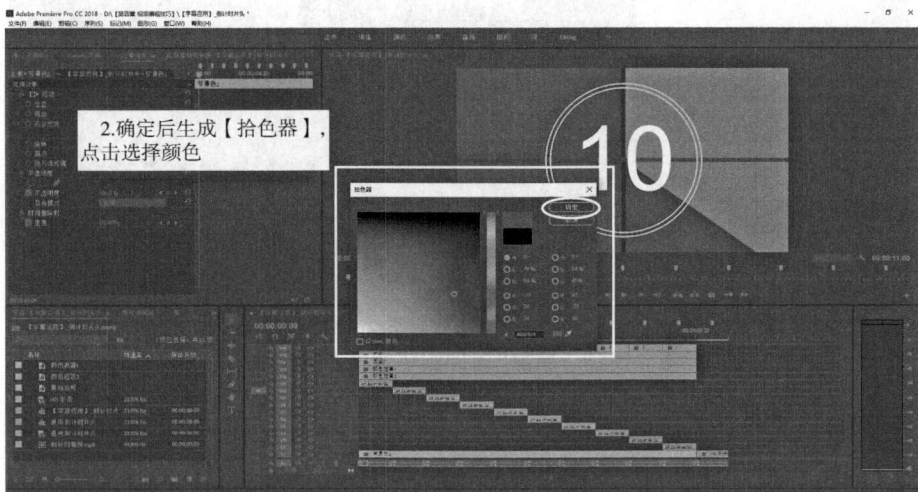

图 4-3-11 【拾色器】对话框

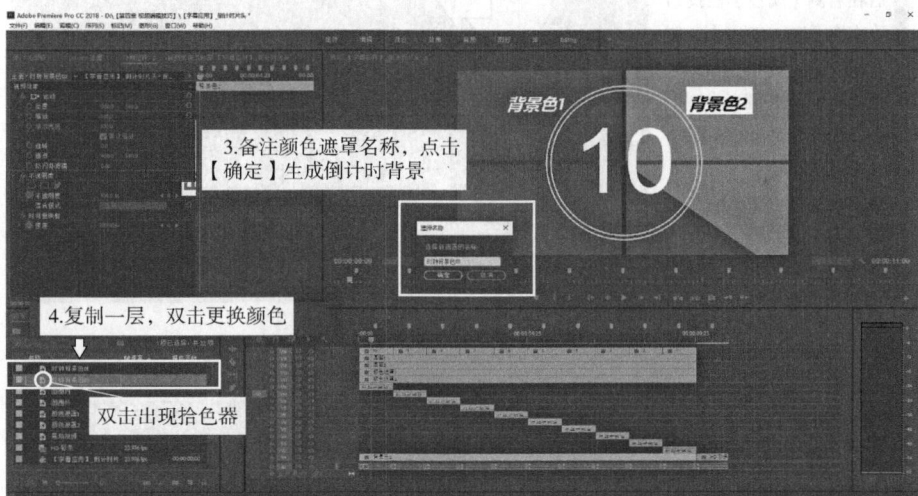

图 4-3-12 新建颜色遮罩(二)

④新建旧版标题制作倒计时圆环效果。点击导航栏【文件-新建-旧版标题】,同时给对话框命名为"时钟圆环效果 1",如图 4-3-13 所示。

⑤绘制外圆环。进入旧版标题面板,在绘制区使用椭圆工具,绘制实心椭圆,通过【旧版标题属性】面板改变椭圆宽、高值,使其相等,得到正圆;再找到旧版标题属性中的【图形类型】,选择【闭合贝塞尔曲线】,即得到圆环,再根据需要调整"线宽",如图 4-3-14。

⑥制作内圆环。复制一层外圆环,通过调整圆环的"宽、高"对圆环进行缩放,然后点击【居中】使其处在画面中心,操作流程如图 4-3-15 所示。

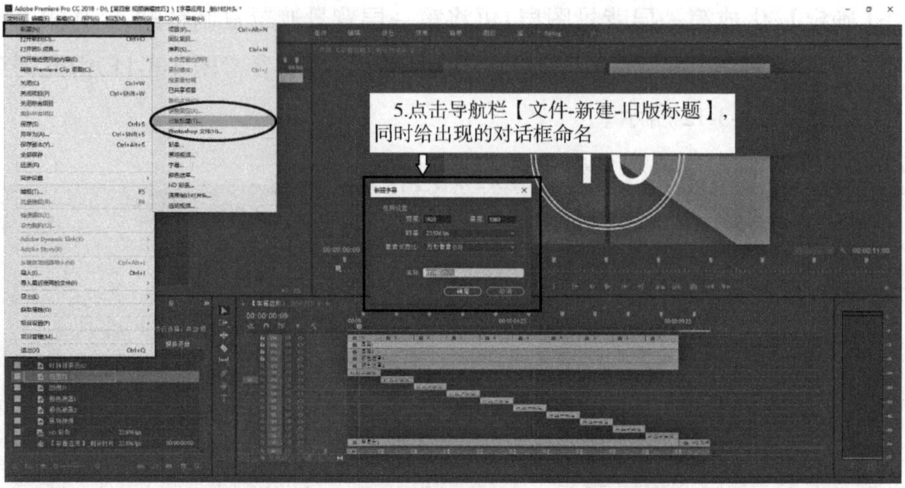

5.点击导航栏【文件-新建-旧版标题】，同时给出现的对话框命名

图 4-3-13　新建"时钟圆环效果 1"对话框

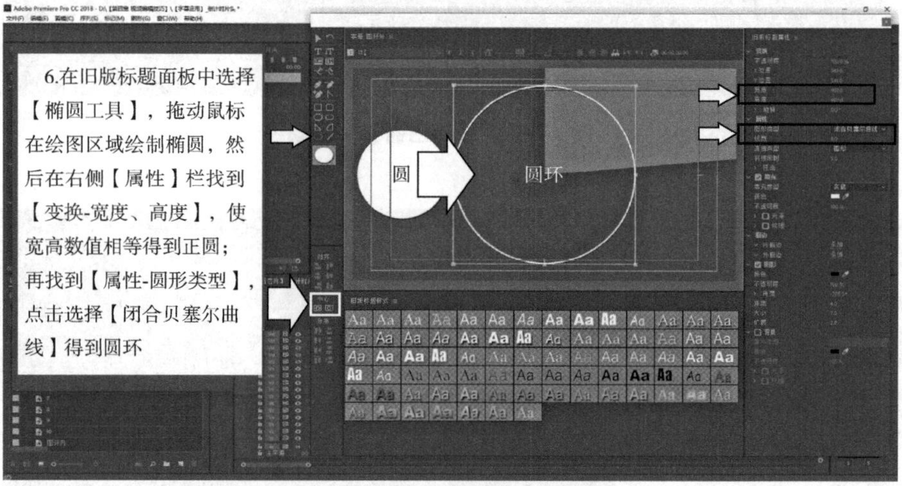

6.在旧版标题面板中选择【椭圆工具】，拖动鼠标在绘图区域绘制椭圆，然后在右侧【属性】栏找到【变换-宽度、高度】，使宽高数值相等得到正圆；再找到【属性-圆形类型】，点击选择【闭合贝塞尔曲线】得到圆环

圆　　圆环

图 4-3-14　绘制外圆环

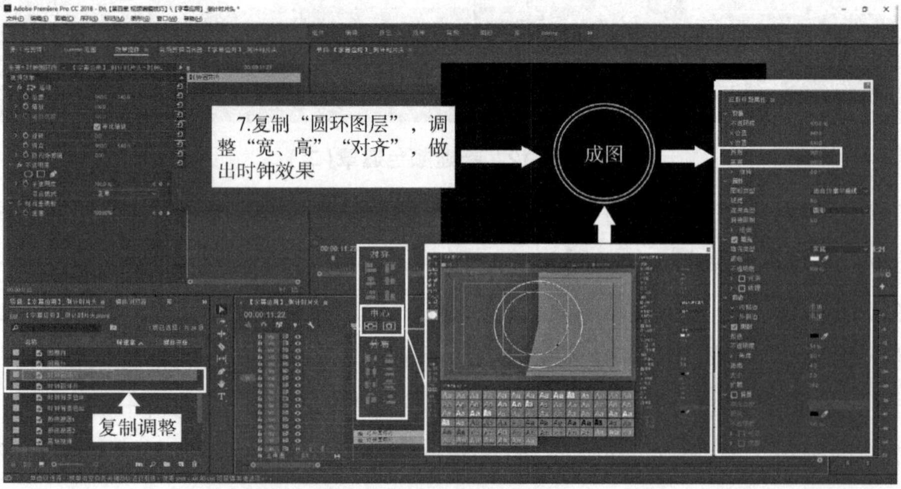

7.复制"圆环图层"，调整"宽、高""对齐"，做出时钟效果

成图

复制调整

图 4-3-15　绘制内圆环

⑦制作倒计时数字。新建【旧版标题】,使用文字工具在绘图区输入数字"10",并调整数字的位置、字体、大小、颜色等,如图4-3-16所示。

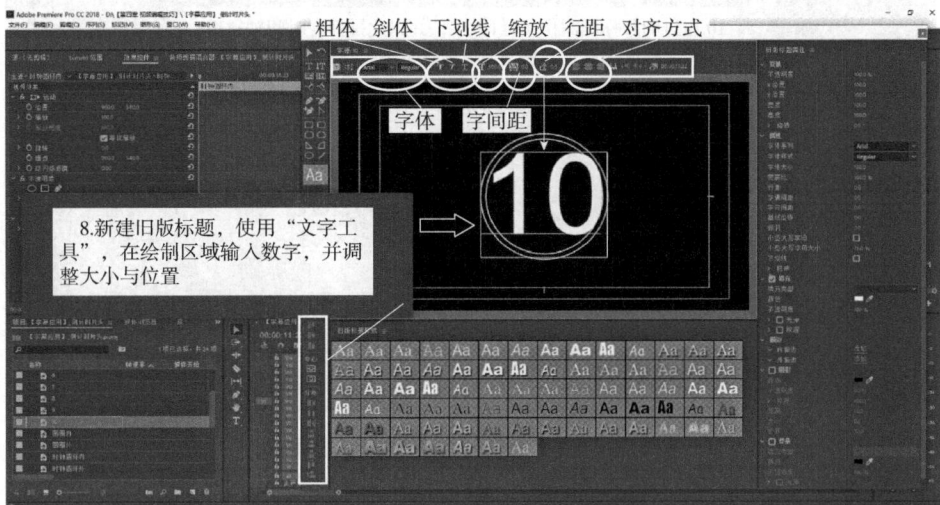

图4-3-16　制作倒计时数字步骤图

⑧制作横竖颜色条。点击导航栏【文件-新建-颜色遮罩】新建两个颜色遮罩,分别将高、宽值取为最小,通过拾色器选取不同的颜色,制作横竖颜色条,移至画面合适位置,具体步骤如图4-3-17所示。

图4-3-17　制作横竖颜色条的步骤图

⑨复制倒计时数字。将做好的字幕"10"复制9层,再通过旧版标题更改数字,并将其从"10"到"1"依次排列在序列;接着将制作好的圆环、横竖条、背景按从上往下的顺序依次排列在数字下方轨道;将外层背景制作10层,分别对应10个数字逐层排列在不同轨道,如图4-3-18所示。

图 4-3-18　调整倒计时数字步骤图

⑩制作"时钟擦除效果"。在效果栏搜索"时钟式擦除",找到时钟式擦除视频过渡效果,将其逐一应用于复制好的 10 层背景,每一层擦除效果持续时间设置为 1 秒,根据需要设置擦除"开始为 5、结束为 95",操作如图 4-3-19 所示。

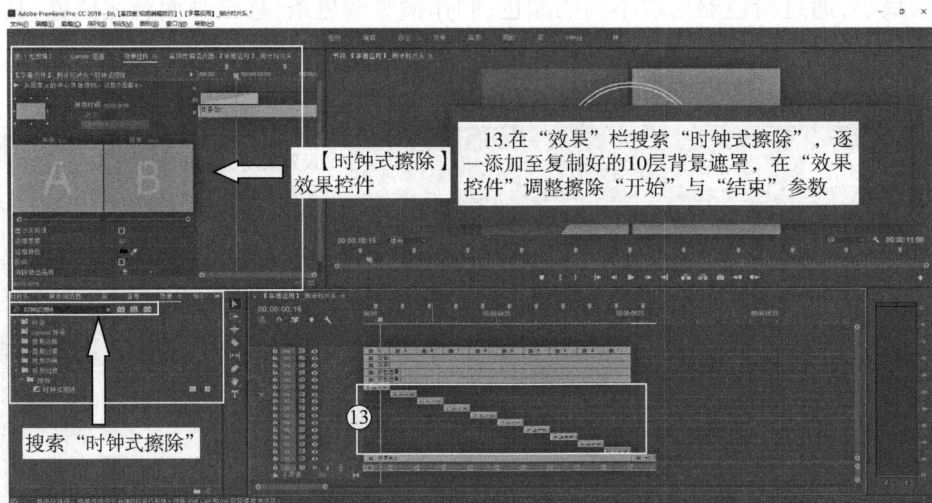

图 4-3-19　"时钟擦除效果"操作步骤图

⑪保存工程文件,导出媒体。最后将制作好的 10 秒提示音导入并放置在音轨之上,调整排列好素材,随后选中工作台,按快捷键【Ctrl+M】导出为 MP4 格式即可。

2) 影片字幕

(1) 片头人物介绍字幕。通过导航栏【图形-新建图层-文本】新建文本图层,如图 4-3-20 所示,得到文本图层;然后点击修改文本图层的内容;接着在【效果控件】修改文本图层相关属性,包括图形大小、位置、颜色、描边效果,最终效果如图 4-3-5 所示。

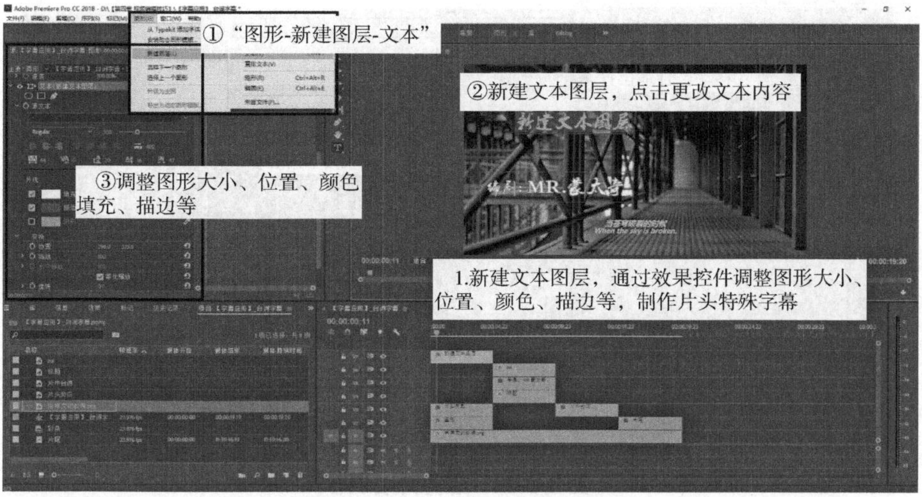

图 4-3-20　片头字幕制作步骤图

（2）制作影片字幕。新建【旧版标题】，在弹出的字幕设计框内添加字幕，调整字体、大小、字间距、对齐方式、行距等，然后点击"居中"，具体流程如图 4-3-21 所示。

图 4-3-21　影片字幕制作步骤图

（3）制作影片片名。同样使用【旧版标题】面板输入文本内容，然后设置文本格式，使用效果控件位置属性移动文本至合适位置，同时使用旧版标题属性栏为文本添加适当效果，如图 4-3-22 所示。

（4）制作片尾滚动字幕。点击字幕绘制区上方【滚动/浮动选项】，如图 4-3-23，弹出【滚动/浮动选项】对话框，在对话框的【字幕类型】中选择【滚动】、【定时】处勾选【开始于屏幕外】与【结束于屏幕外】，点击【确定】生成滚动字幕，再点击【文本居中】使文本居于画面中心。

（5）按快捷键【Ctrl+S】或点击【文件-保存】，保存字幕工程文件。

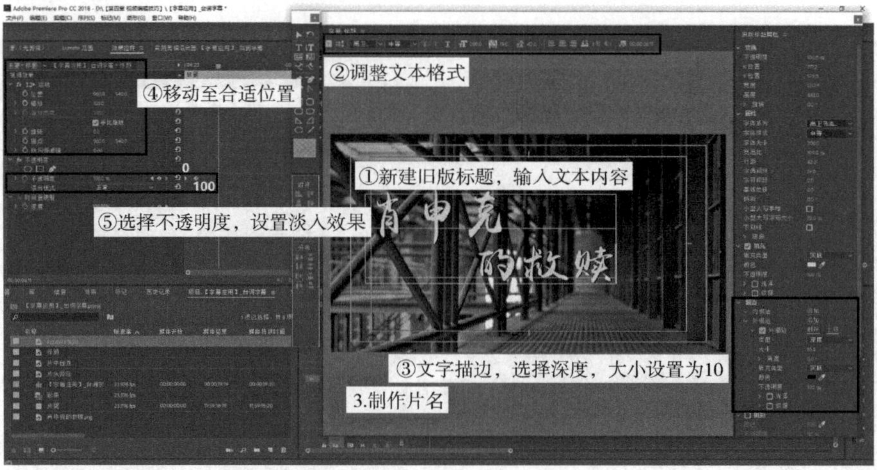

图 4-3-22　影片片名制作

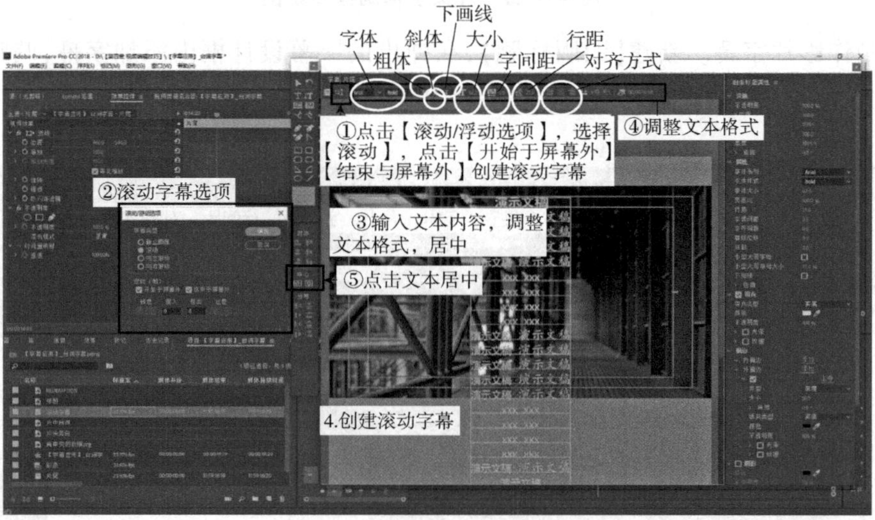

图 4-3-23　片尾滚动字幕制作图

4.3.5　案例练习

参考所学案例,根据所学字幕应用相关知识,制作倒计时动画和影片字幕。

4.4　运动与关键帧

4.4.1　实训目标

本小节主要通过实例演示向学生介绍利用 Pr 软件制作关键帧动画的过程和知识点。

通过相关的实例操作向学生介绍利用 Pr 软件制作运动关键帧的操作方法和技巧,使其熟悉关键帧制作的主要内容,包括"位移""渐变""旋转""缩放"等,并熟练使用关键帧按钮,最终能独立进行关键帧动画制作。

4.4.2　学习重点

运用【效果控件】中的"关键帧按钮"制作关键帧动画。

需要掌握的要点有:

(1)熟练使用【效果控件】(图 4-4-1)。

(2)熟练使用"关键帧按钮"(图 4-4-1)。

(3)了解"关键帧"(图 4-4-1)。

(4)学习运动关键帧的运用过程。

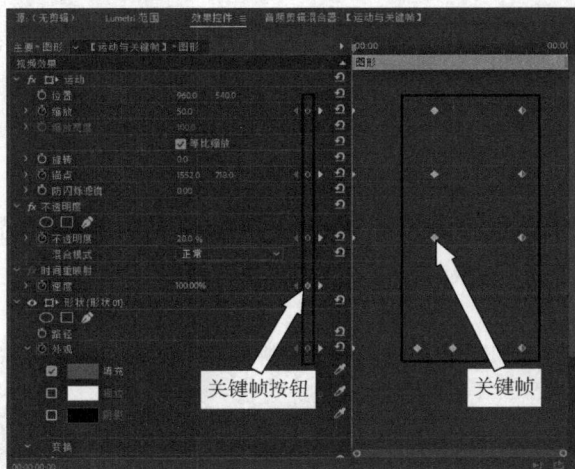

图 4-4-1　效果控件面板

4.4.3　制作思路

通过【效果控件】-"关键帧按钮"对素材的锚点、缩放、透明度、颜色进行关键帧定格,勾勒素材运动轨迹,制作关键帧的动画效果。

4.4.4　演示说明

本次案例主要运用【效果控件】-"关键帧按钮"对演示对象的"缩放""锚点""不透明度""外观"等标记关键帧,使其产生"位移""大小""颜色"等方面的变化,最后形成动画效果。案例中运用的操作要点主要有:新建图形、关键帧打点、使用效果控件、改变参数与颜色。

具体操作步骤如下:

（1）新建图形图层。点击导航栏【图形-新建图层-矩形】构建一个图形图层（图4-4-2），对图形的锚点、缩放、不透明度、颜色打上关键帧，作为动画轨迹的"始点"，对这些关键帧设置参数。

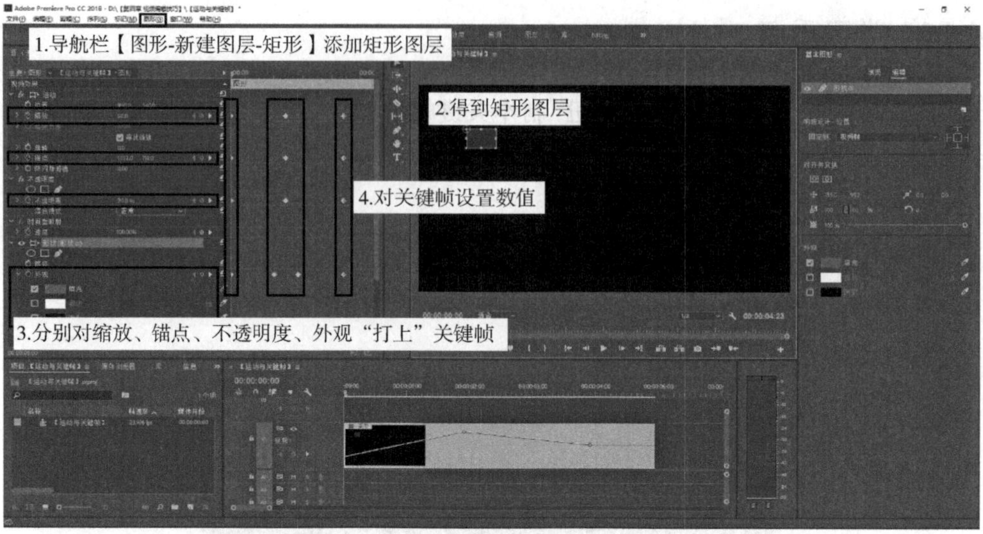

图4-4-2　新建图形图层

（2）设置新的关键帧。移动光标在图形图层建立新的关键帧，设置关键帧参数，同时改变图形颜色，获得新的矩形，效果如图4-4-3所示。

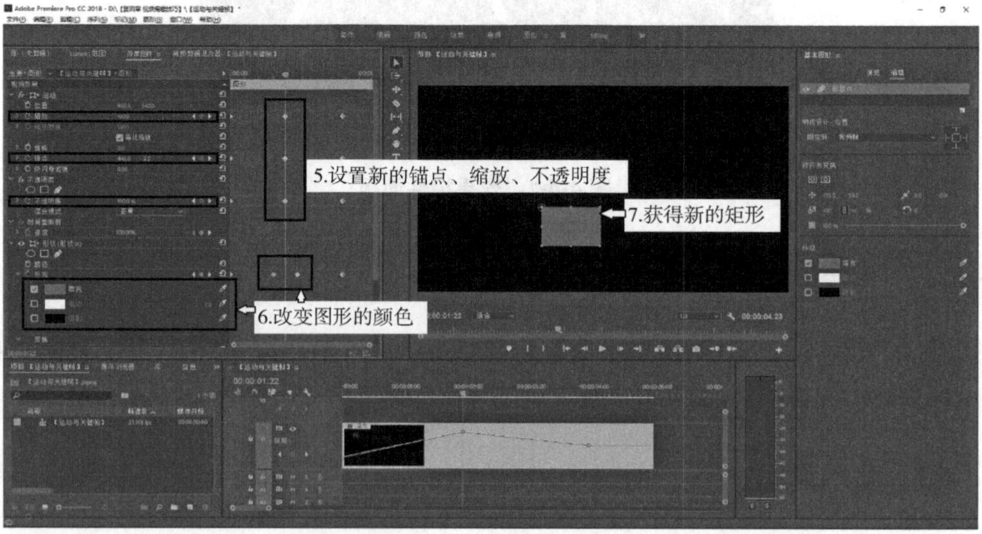

图4-4-3　设置新的关键帧

（3）设置关键帧"末点"。选中时间轴上的图形图层，在效果控件面板设置新的关键帧，改变参数和颜色，使矩形变换大小、位置和颜色，操作如图4-4-4所示。

（4）保存工程文件。最终动画效果如图4-4-5所示。

图 4-4-4　设置关键帧的"末点"

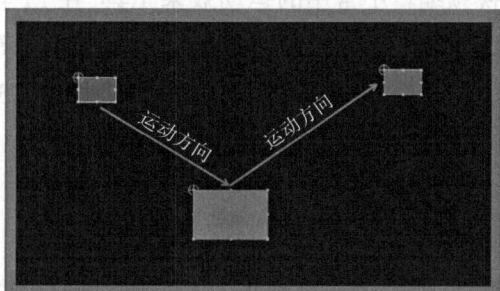

图 4-4-5　关键帧动画效果图

4.4.5　案例练习

以"演员"字幕运动为例

参考所示关键帧动画案例,练习制作关键帧位移、渐变、旋转动画。

在此案例中,我们需要让文本运动起来,使其从屏幕的左边运动到预定位置并停顿,再让其以更快的速度从屏幕的右边运动出去。

具体操作步骤如下:

(1)使用【旧版标题】面板或【文字工具】输入文本"演员",然后设置文本格式,使用效果控件位置属性移动文本至合适位置。

(2)利用效果控件所在面板控制其文本的大小,确认好文本显示的位置以及大小,就打上"关键帧",为使文本运动到此处停顿一会,再在此处时间轴的右方一段距离再打上"关键帧",以保证这段时间里文本位置不变。

(3)向左边拖拽出画面以外,打上"关键帧",此处的关键帧就是文本运动的"始点";最后将文本向右边拖拽出屏幕画面,打上"关键帧",此处的关键帧就是文本运动的"末点"。

4.5　小　　结

本章的主要实训内容包括"画面转场""字幕应用""运动与关键帧"三个在视频编辑过程中十分常用的技能。

首先，"画面转场"主要运用到【效果控件】【选择工具】【剃刀工具】等视频编辑工具，掌握【效果控件】中的各类效果的使用并能将之与画面进行融合处理，呈现出混合效果，这是画面转场的关键所在。

其次，在"字幕应用"实例演示中，要求掌握使用旧版标题制作倒计时字幕、台词字幕、片尾字幕等，案例主要运用到【旧版标题】和【字幕设计工具】。熟练掌握旧版标题和基本图形能够让字幕设计更加灵活自如。

最后，"关键帧"作为视频编辑中常用的运动效果工具，在 Pr 软件的各种剪辑中都能发挥出重要作用，"渐变效果""位置移动""缩小放大""旋转动画"等都可以通过关键帧来完成。在关键帧动画的制作过程中，主要运用的工具是【效果控件】，通过对素材效果控件中的位置、缩放、不透明度、旋转等属性的参数进行变换，改变对象的位置、颜色、大小、不透明度等，从而实现画面的动态变化。"关键帧"的使用，既让视频剪辑技巧变得更加多样，也使画面效果变得更加丰富。

以上是视频剪辑中最重要的三个基本技能，也是视频剪辑的核心技能。扎实掌握基本要领才能够在影视后期编辑中自如应对困境和解决各种难题，同时钻研出更多的编辑技巧，创作出更丰富、更多彩的画面效果。

4.6　课后思考与练习

（1）熟悉软件中转场特效的变化特点，并思考如何将其应用到影片剪辑中去。

（2）总结自己熟悉的影片中应用的转场技巧。

（3）批量字幕工作量大，应如何应对？

（4）如何运用不同数量的关键帧使得文字、图形运动更有动感和规律？

第 5 章

视频编辑特效

知识点应用：在影视后期制作中，视频特效的应用越来越广泛，通过视频特效，我们可以制作出各种惊人的视觉效果和场景，使观众沉浸在虚拟的世界中。Pr视频特效如同Ps的滤镜，运用数字图像技术处理原理，调整视频像素的信息如颜色、位置、尺寸、透明度等内容，从而整体修改视频的外观、色调、色彩、变形、光效、仿真等特殊效果，从而为作品的创作服务。Pr提供了上百种的视频特效，大家可以一一尝试效果并思考如何灵活运用，而在日常剪辑视频中，掌握常用的基本视频特效即可。（特效示范以 Adobe Premiere Pro CC 为例）

学习重点：

• 了解Pr视频编辑的基本特效：调色特效、蒙版特效、变形特效、特殊样式特效等各个特效的基本效果和基本参数。

• 掌握特效的调整方法，并能在视频剪辑中灵活运用。

• 注意每个镜头的曝光值不同，需分镜头分段调整，不可以整段视频同时调整。

5.1 调 色 特 效

这部分内容要求学生能够熟悉视频编辑过程中调色特效的制作过程,并熟练掌握 Pr 软件中几个常用的"调色特效"的相关设置,并独立运用到作品创作中去,提高运用 Pr 编辑视频特效的熟练程度。注意每个镜头的曝光值不同,需分镜头分段调整,不可以整段视频同时调整。

利用 Pr 中的【亮度与对比度】效果控件(图 5-1-1)、【黑白正常对比度】效果控件、【色阶】效果控件、【颜色平衡(RGB)】效果控件、【颜色平衡(HLS)】效果控件对素材进行属性设置,实现素材在亮度与对比度、黑白正常对比度、色阶工具、色彩平衡(RGB)、色彩平衡(HLS)等方面的特效处理。

5.1.1 亮度与对比度

【亮度与对比度】效果控件是增强画面整体亮度、明暗对比、黑白对比等的控件要素。

(1)【亮度与对比度】效果控件如图 5-1-1 所示。

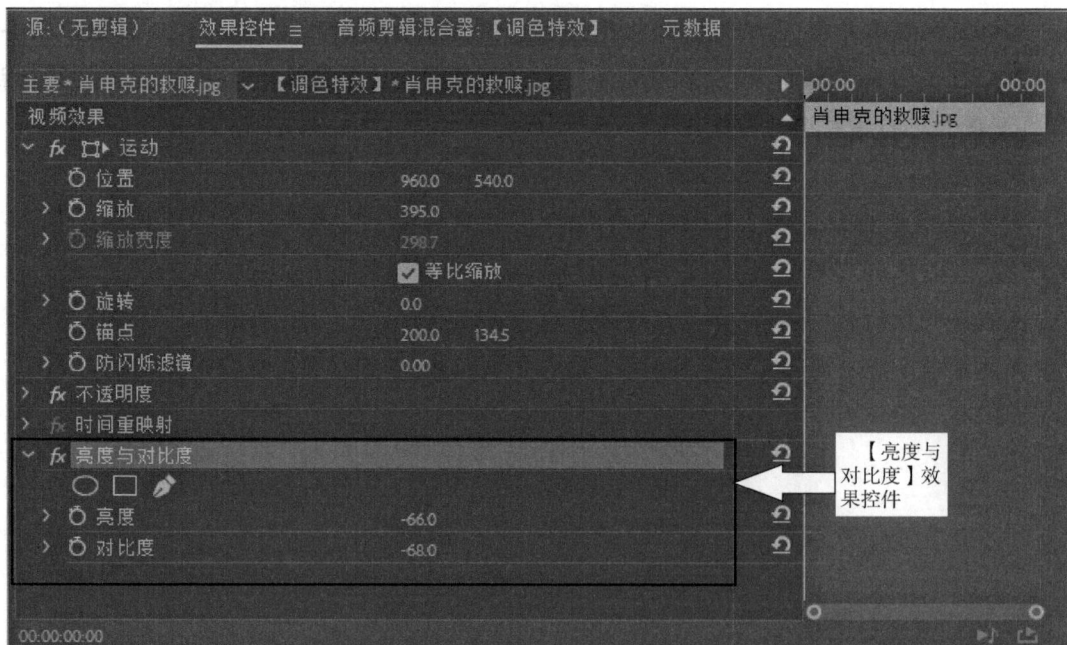

图 5-1-1 【亮度与对比度】效果控件示图

(2)"亮度与对比度"效果演示说明。

①在效果栏搜索选择【亮度与对比度】效果控件,如图 5-1-2 所示。

图 5-1-2　搜索【亮度与对比度】效果控件

②鼠标左键选中【亮度与对比度】效果控件,并将其拖动至素材处并使其附着在素材上,如图 5-1-3 所示。

图 5-1-3　将【亮度与对比度】拖动至素材处

③在素材的【亮度与对比度】效果控件窗口改变数值,使得素材产生特效变化,如图 5-1-4所示。

④"亮度与对比度"效果示图,如图 5-1-5~图 5-1-8 所示。

图 5-1-4　改变"亮度与对比度"数值

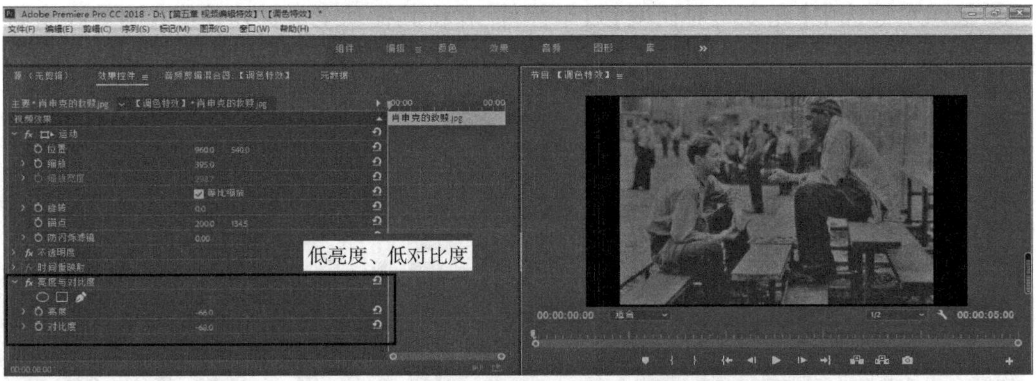

图 5-1-5　"低亮度、低对比度"示图

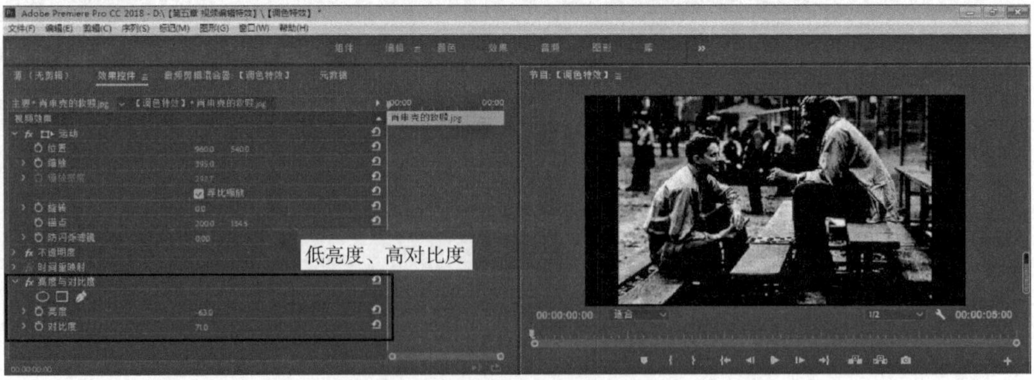

图 5-1-6　"低亮度、高对比度"示图

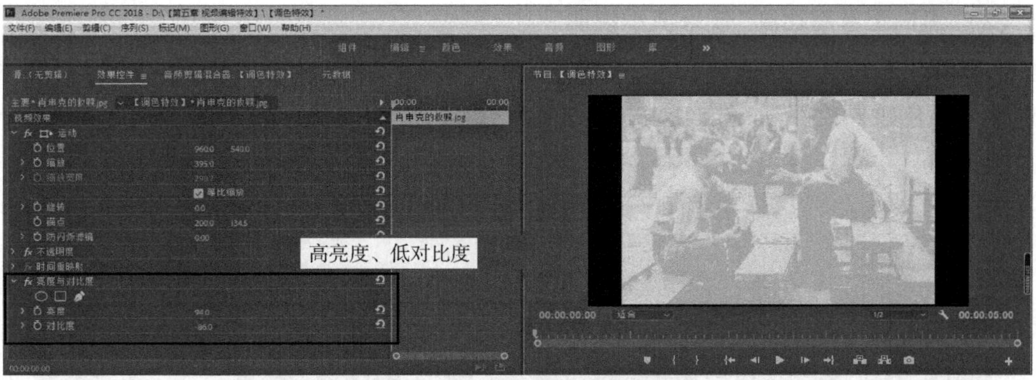

图 5-1-7　"高亮度、低对比度"示图

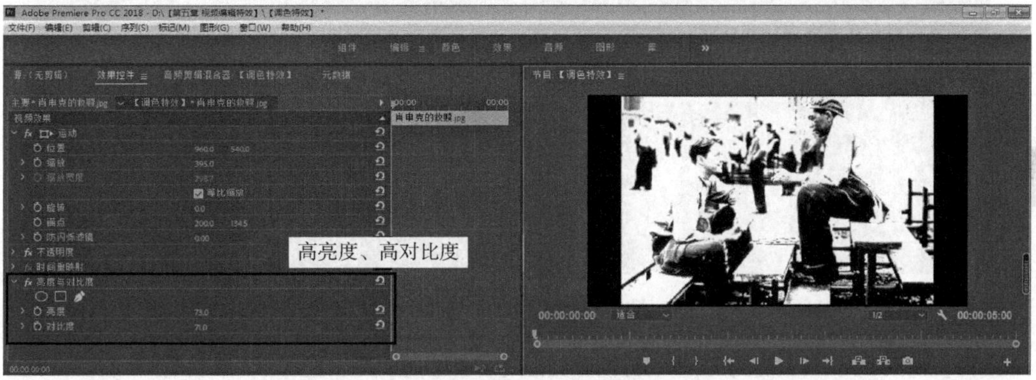

图 5-1-8　"高亮度、高对比度"示图

5.1.2　黑白

【黑白正常对比度】效果控件能将画面处理为黑白色效果。

（1）【黑白正常对比度】效果控件如图 5-1-9 所示。

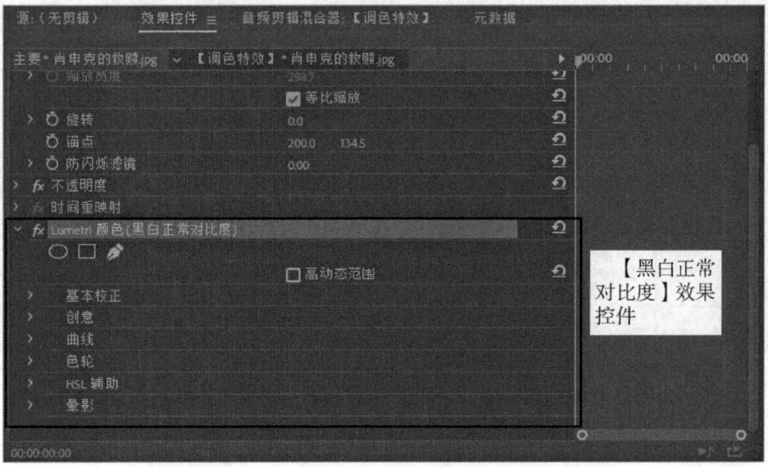

图 5-1-9　【黑白正常对比度】效果控件示图

（2）"黑白正常对比度"效果演示说明。

①在效果栏选择搜索查找【黑白正常对比度】效果控件,选择"黑白正常对比度"效果或其他黑白颜色效果控件,如图5-1-10所示。

图5-1-10　搜索查找【黑白正常对比度】效果控件

②将【黑白正常对比度】效果控件拖动至素材处,使该颜色效果控件附着在素材上,如图5-1-11所示。

图5-1-11　将【黑白正常对比度】效果控件拖动至素材

③在素材的颜色效果控件窗口调整【黑白正常对比度】效果控件数值,让对应素材产生黑白效果,如图5-1-12所示。

图 5-1-12 【黑白正常对比度】参数调整

④"黑白正常对比度"效果示图,如图 5-1-13 所示。

图 5-1-13 "黑白正常对比度"效果示图

5.1.3 【色阶】工具

【色阶】工具在照片调整中经常应用,在视频单个镜头或单个场景中同样适用。其作用为调整数字图像黑、白、灰三个层次的明暗分布情况,满足创作的需求。通常情况视频画面曝光不足、曝光过度或导演对明暗环境有特殊要求的时候使用此工具进行调整,注意每个镜头的曝光值不同,需分镜头分段调整,不可以整段视频同时调整。

(1)【色阶】效果控件如图 5-1-14 所示。

(2)"色阶"效果演示说明。

①在效果栏搜索查找【色阶】效果控件,如图 5-1-15 所示。

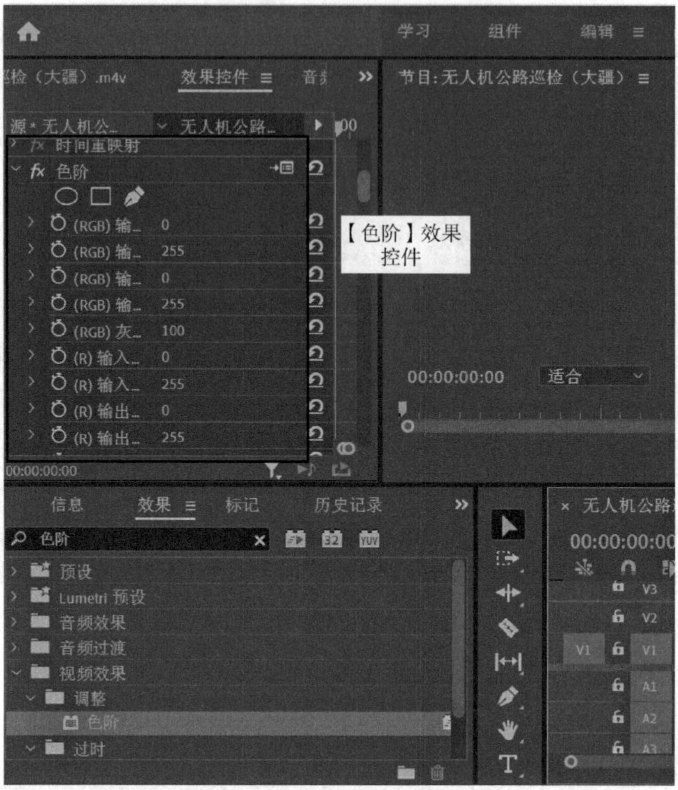

图 5-1-14 【色阶】效果控件示图

图 5-1-15 搜索查找【色阶】效果控件

②将【色阶】效果控件拖动至素材处,并使其效果控件附着在素材上,如图5-1-16所示。

图5-1-16 将【色阶】效果控件拖动至素材处

③在素材的【色阶】效果控件窗口调整相应数值,如图5-1-17所示。

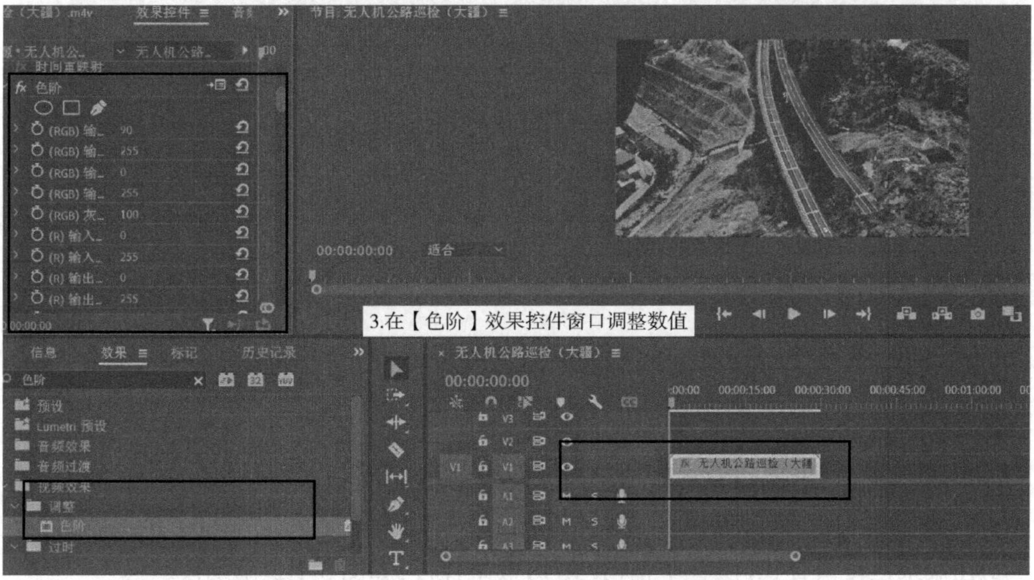

图5-1-17 在【色阶】控件窗口调整相应数值

④"色阶"效果示图,如图 5-1-18、图 5-1-19 所示。

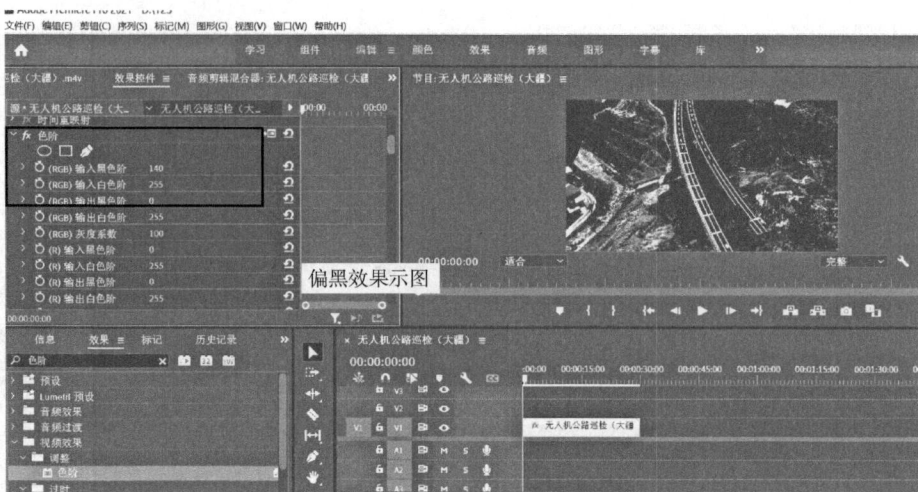

图 5-1-18　偏黑效果示图

图 5-1-19　偏白效果示图

5.1.4　颜色平衡(RGB)

改变红、绿、蓝三个颜色通道,从而改变画面色调。

(1)【颜色平衡(RGB)】效果控件如图 5-1-20 所示。

(2)"颜色平衡(RGB)"效果演示说明。

①在效果栏搜索查找【颜色平衡(RGB)】效果控件,如图 5-1-21 所示。

②将【颜色平衡(RGB)】效果控件拖动至素材处,并使颜色平衡效果控件附着在素材上,如图 5-1-22 所示。

③在素材的【颜色平衡(RGB)】效果控件窗口调整相应数值,如图 5-1-23 所示。

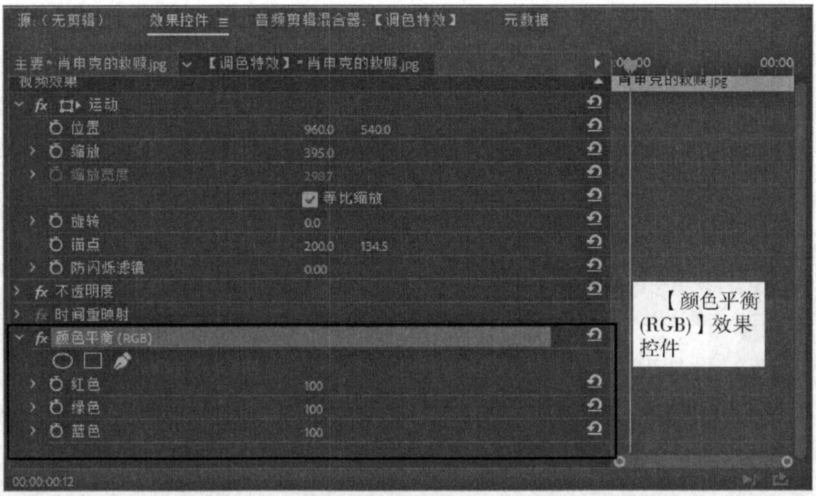

图 5-1-20 【颜色平衡(RGB)】效果控件示图

图 5-1-21 搜索查找【颜色平衡(RGB)】效果控件

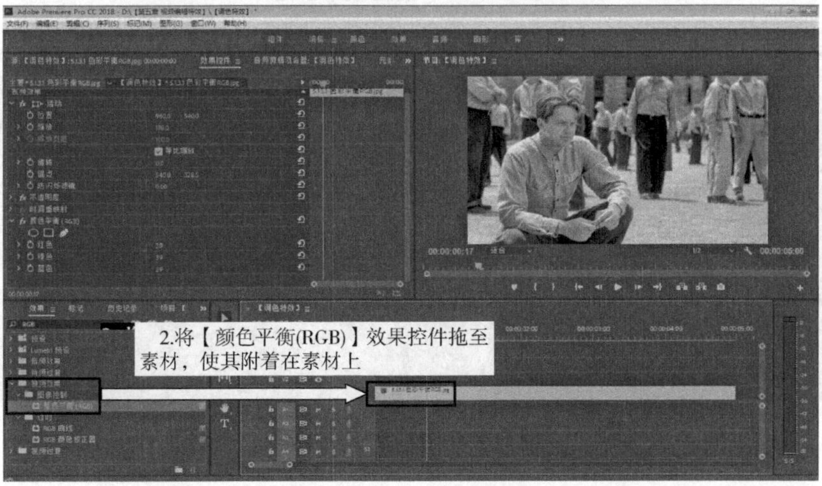

图 5-1-22 将【颜色平衡(RGB)】效果控件拖动至素材

图 5-1-23 【颜色平衡(RGB)】效果控件参数调整

④"颜色平衡(RGB)效果"示图,如图 5-1-24~图 5-1-26 所示。

图 5-1-24 偏红效果示图

图 5-1-25 偏绿效果示图

图 5-1-26 偏蓝效果示图

5.1.5 颜色平衡(HLS)

【颜色平衡(HLS)】效果控件可用于改变画面整体的色调、饱和度、亮度。

(1)【颜色平衡(HLS)】效果控件如图 5-1-27 所示。

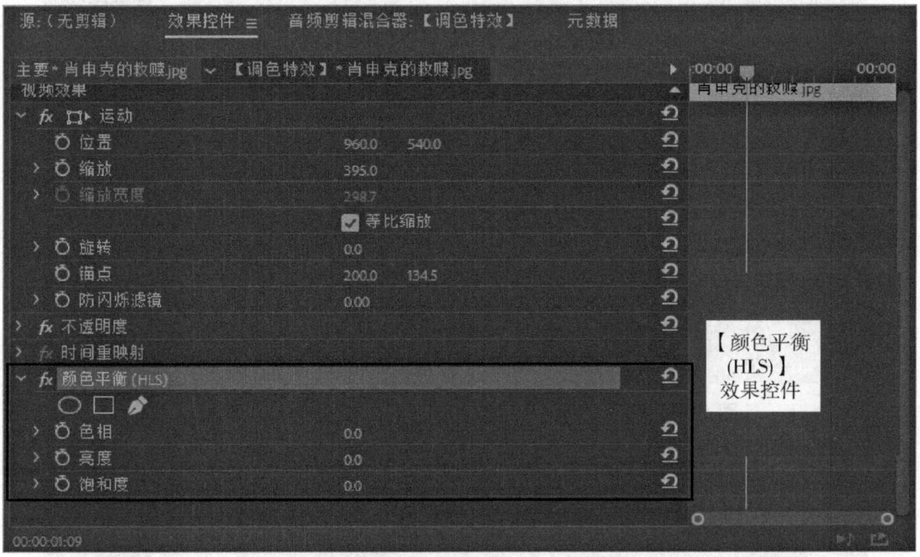

图 5-1-27 【颜色平衡(HLS)】效果控件示图

(2)"颜色平衡(HLS)"效果演示说明。

①在效果栏搜索查找【颜色平衡(HLS)】效果控件,如图 5-1-28 所示。

②将【颜色平衡(HLS)】效果控件拖动至素材,使该效果控件附着在素材片段上,如图 5-1-29所示。

③在【颜色平衡(HLS)】效果控件窗口调整数值,使素材画面得到相应颜色效果,如图 5-1-30所示。

④"颜色平衡(HLS)"效果示图,如图 5-1-31~图 5-1-34 所示。

图 5-1-28　搜索【颜色平衡(HLS)】效果控件

图 5-1-29　将【颜色平衡(HLS)】效果控件拖动至素材

图 5-1-30　【颜色平衡(HLS)】效果控件参数调整

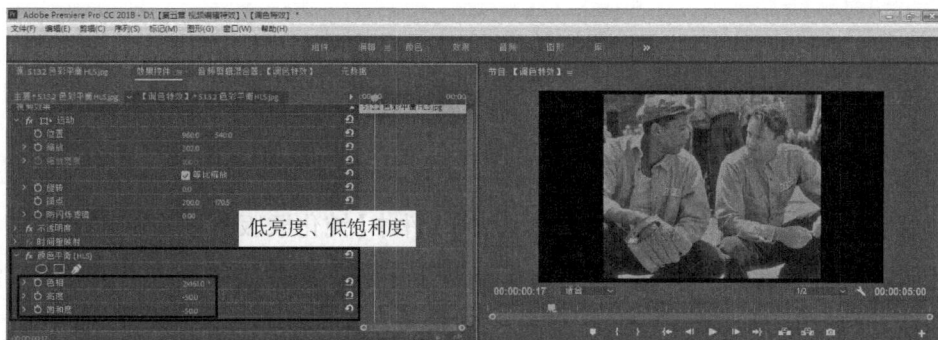

图 5-1-31 "低亮度、低饱和度"示图

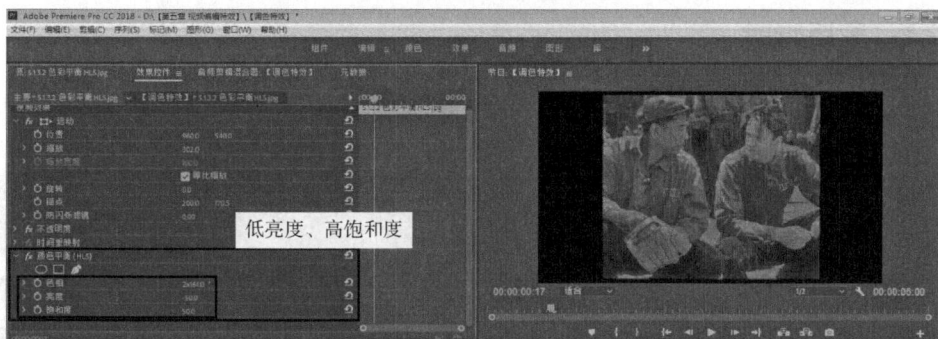

图 5-1-32 "低亮度、高饱和度"示图

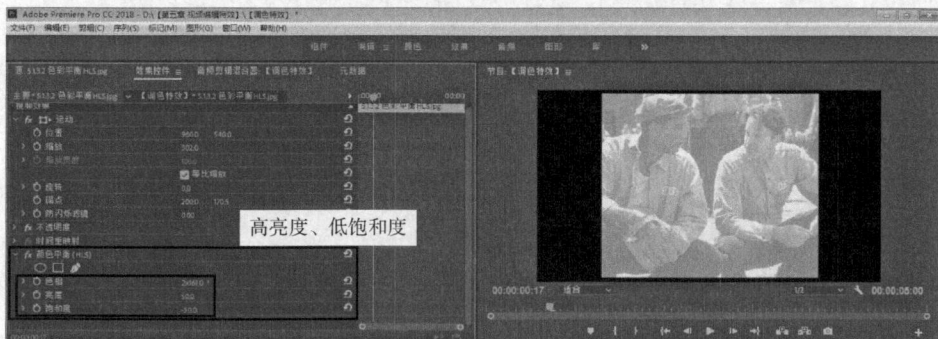

图 5-1-33 "高亮度、低饱和度"示图

图 5-1-34 "高亮度、高饱和度"示图

5.2 蒙版特效

在"蒙版特效"这部分内容中,将运用到 Pr 软件中【钝化蒙版】的特效效果控件,视频编辑软件以 Adobe Premiere Pro CC 2018 为例。要求学生能够熟悉视频制作过程中"蒙版特效"的制作过程,并熟练掌握 Premiere 软件中的相关知识和技能,并独立运用到作品创作中去,提高同学们运用 Premiere 编辑视频并制作视频特效的熟练程度。

5.2.1 蒙版特效

(1)【蒙版特效】效果控件如图 5-2-1 所示。

图 5-2-1 【蒙版特效】效果控件

(2)"蒙版特效"演示说明。

①在效果栏搜索查找【钝化蒙版】特效,如图 5-2-2 所示。

②将查找到的【钝化蒙版】效果控件拖至素材,并使其附着在素材上,如图 5-2-3 所示。

③在【钝化蒙版】效果控件窗口调整相应数值,使视频素材得到相应蒙版效果,如图 5-2-4 所示。

④"钝化蒙版"效果示图,如图 5-2-5 所示。

1.在效果栏搜索查找【钝化蒙版】效果控件

图 5-2-2 搜索查找【钝化蒙版】效果控件

2.将效果【钝化蒙版】控件拖至素材，使其附着在素材上

图 5-2-3 将效果【钝化蒙版】拖至素材

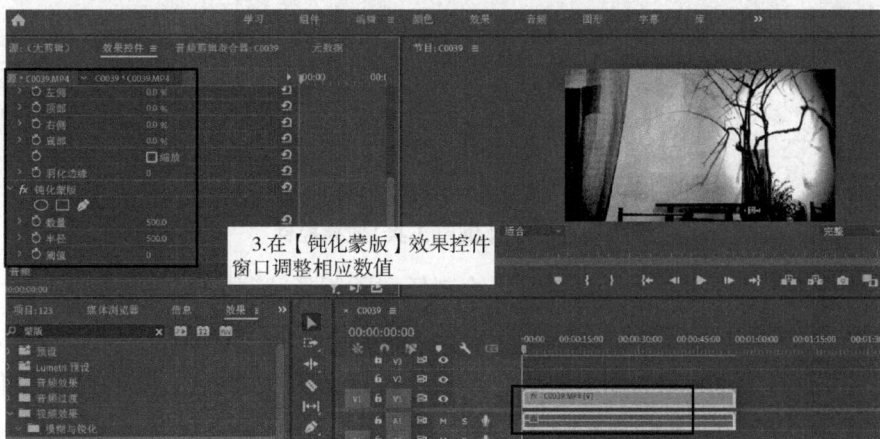

3.在【钝化蒙版】效果控件窗口调整相应数值

图 5-2-4 在【钝化蒙版】效果调整相应数值

图 5-2-5 "钝化蒙版"效果示图

5.2.2 钢笔工具

(1)【钢笔工具】效果控件,如图 5-2-6 所示。

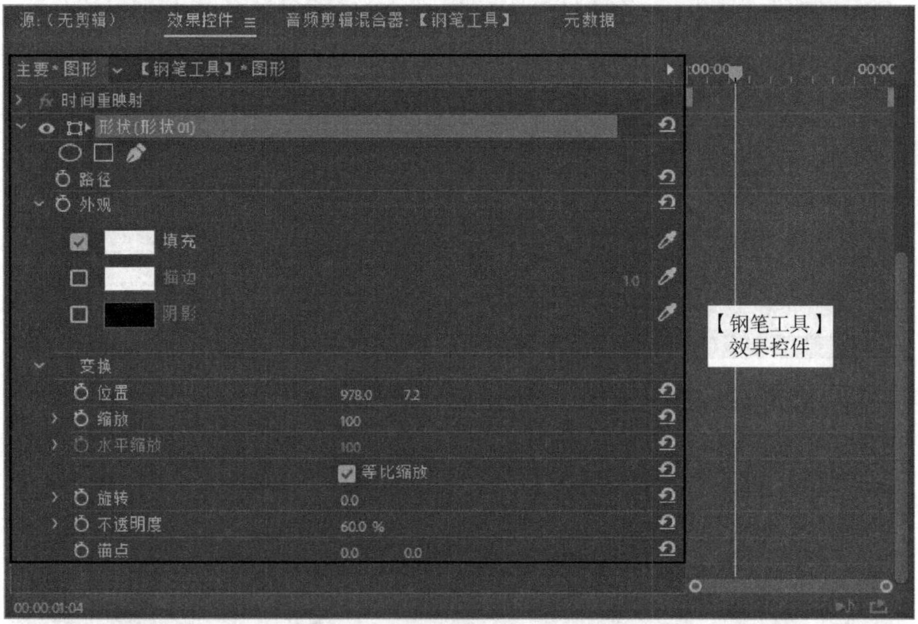

图 5-2-6 【钢笔工具】效果控件

(2)使用【钢笔工具】在视频素材窗口绘制任意蒙版形状,如图 5-2-7 所示。

(3)绘制闭合图形,以得到蒙版图层,如图 5-2-8 所示。

(4)在【钢笔工具】绘制的图形蒙版效果控件窗口调整相应数值,并选择蒙版颜色,设置蒙版羽化、蒙版不透明度等相关参数,如图 5-2-9 所示。

(5)"钢笔工具"最终效果样图,如图 5-2-10 所示。

图 5-2-7　【钢笔工具】绘制蒙版形状

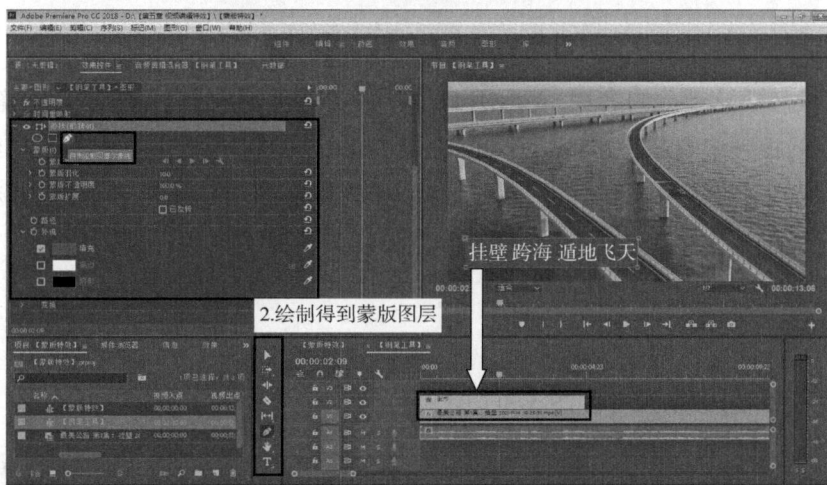

图 5-2-8　利用【钢笔工具】绘制闭合图形效果演示

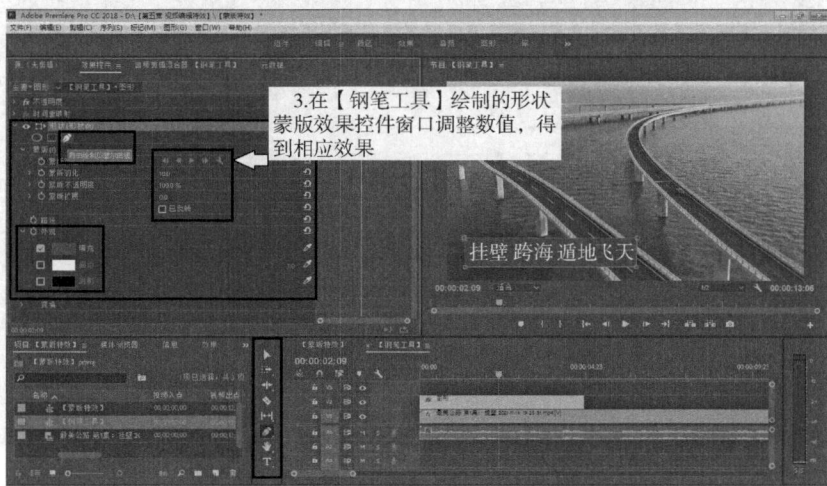

图 5-2-9　在【钢笔工具】效果控件调整参数

图 5-2-10 "钢笔工具"蒙版样图

5.3 变 形 特 效

在"变形特效"这部分内容中,将运用 Pr 软件中的【波形变形】【球面化】【镜头扭曲】等特效效果控件,视频编辑软件以 Adobe Premiere Pro CC 2018 为例。要求学生熟练掌握视频制作过程中"变形特效"的制作过程,熟练掌握 Pr 软件中的相关知识和技能,并独立运用到作品创作中去,提高学生运用 Pr 编辑视频并制作视频特效的熟练程度。

5.3.1 波形变形

(1)【波形变形】效果控件如图 5-3-1 所示。

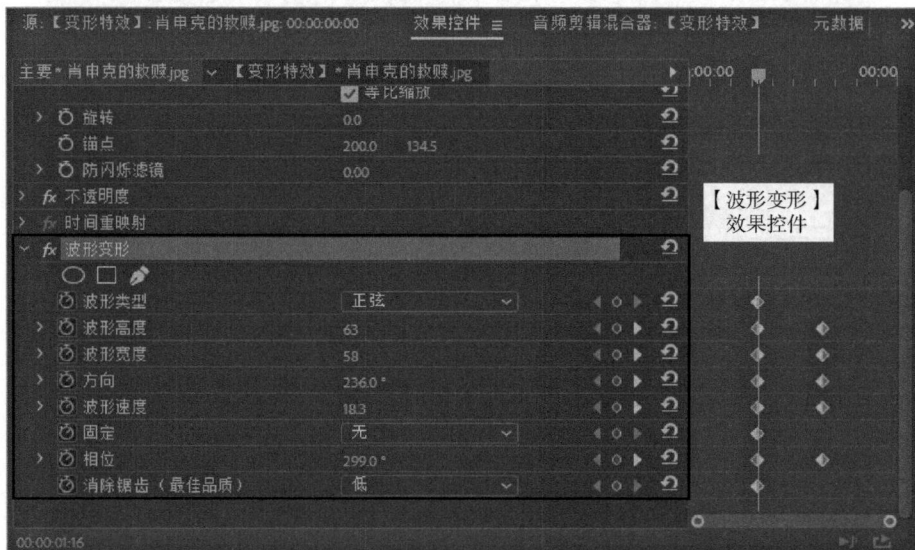

图 5-3-1 【波形变形】效果控件

（2）"波形变形"效果演示说明。

①在效果栏搜索查找【波形变形】效果控件，如图 5-3-2 所示。

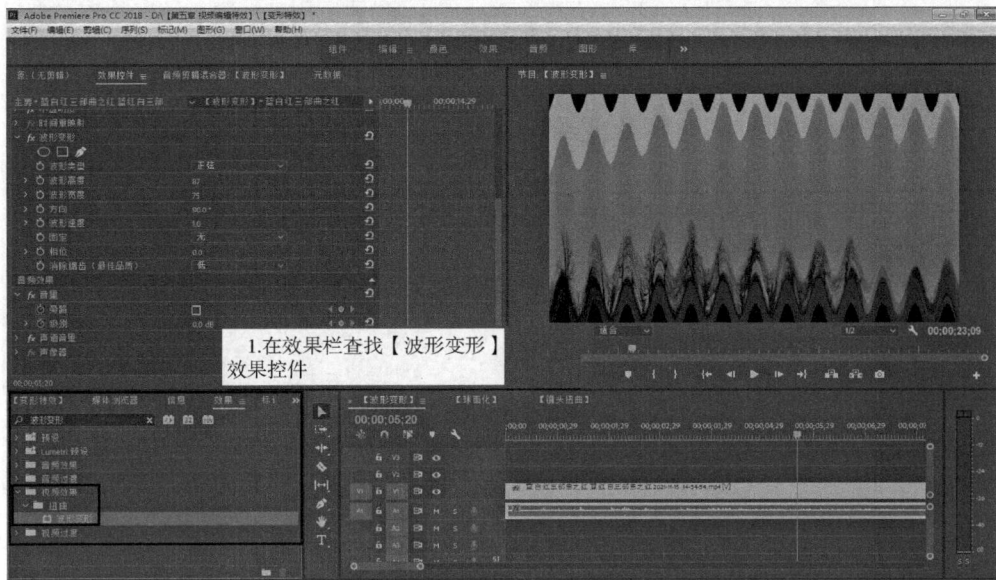

图 5-3-2　搜索查找【波形变形】效果控件

②将【波形变形】效果控件拖至素材，并附着在素材上，如图 5-3-3 所示。

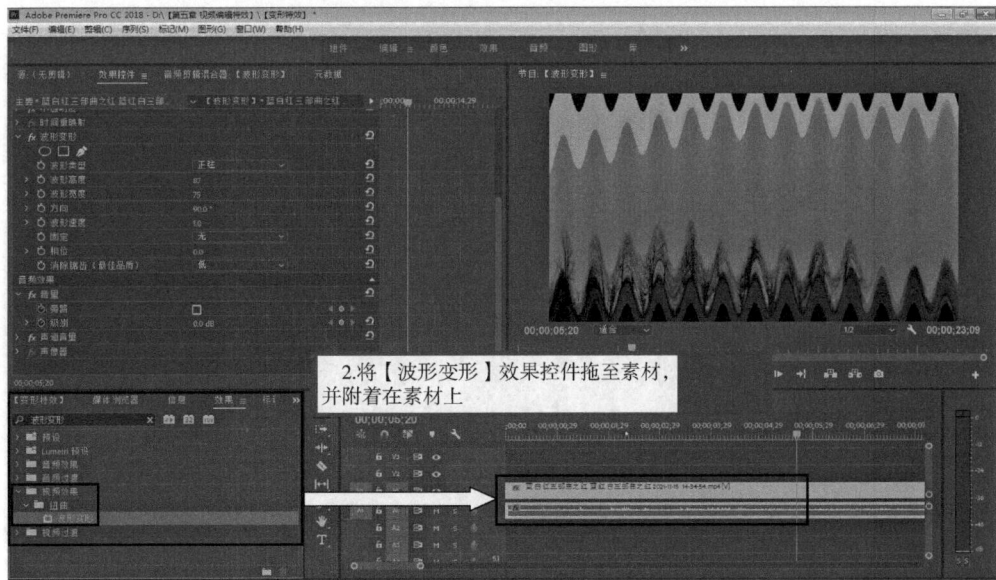

图 5-3-3　将【波形变形】效果控件拖至素材

③在【波形变形】效果控件窗口设置"波形类型、波形高度、波形宽度、方向、波形速度、固定、相位、消除锯齿"等参数，如图 5-3-4 所示。

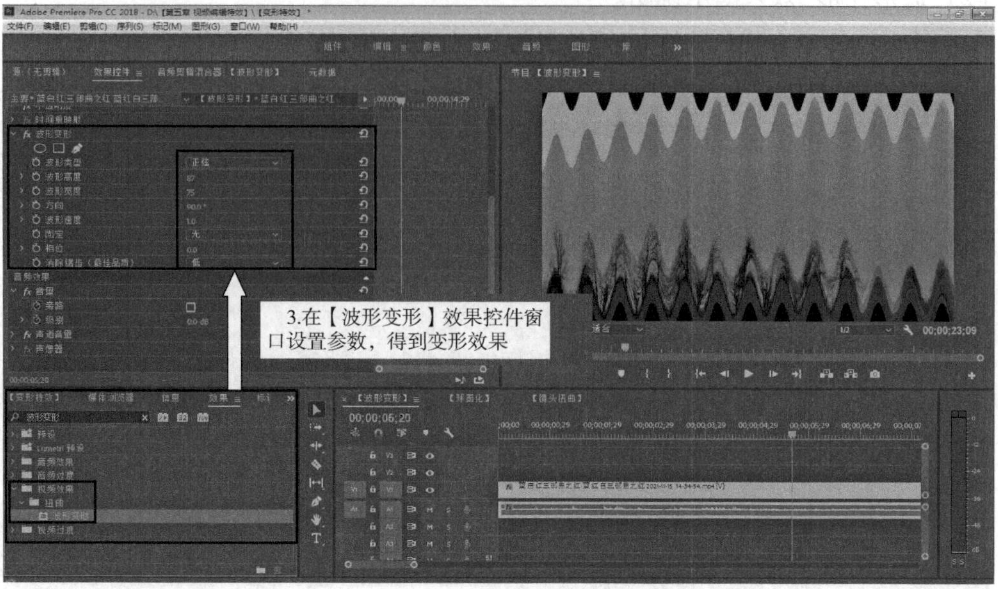

图 5-3-4 "波形变形"效果参数调整

5.3.2 球面化

（1）【球面化】效果控件如图 5-3-5 所示。

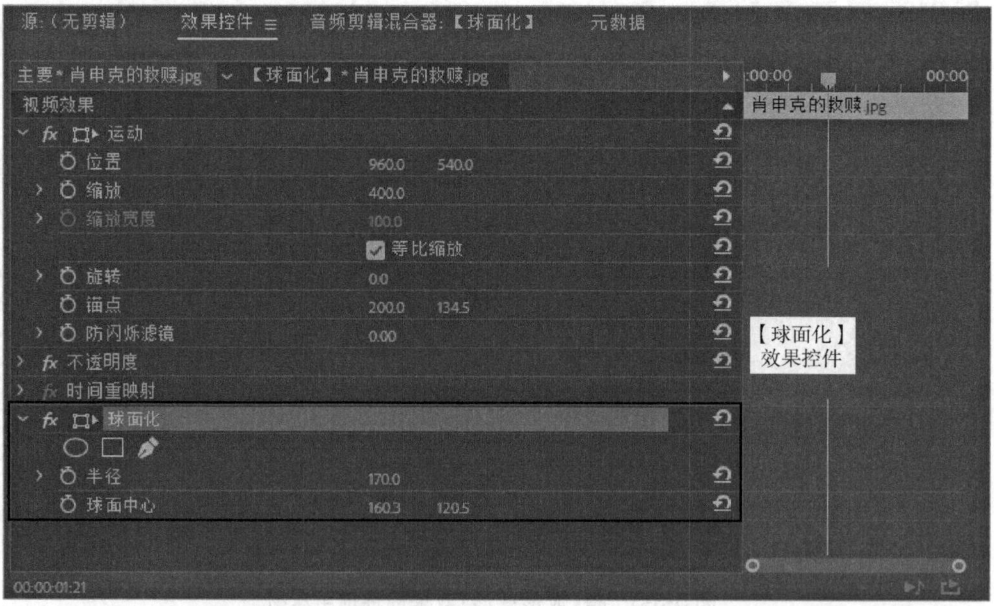

图 5-3-5 【球面化】效果控件

（2）"球面化"效果演示说明。

①在【效果-视频效果-扭曲】查找【球面化】效果控件，如图 5-3-6 所示。

图 5-3-6　搜索【球面化】效果控件

②将【球面化】效果控件拖至素材,并附着在素材上,如图 5-3-7 所示。

图 5-3-7　将【球面化】效果控件拖至素材

③在【球面化】效果控件窗口设置参数,如图 5-3-8 所示。

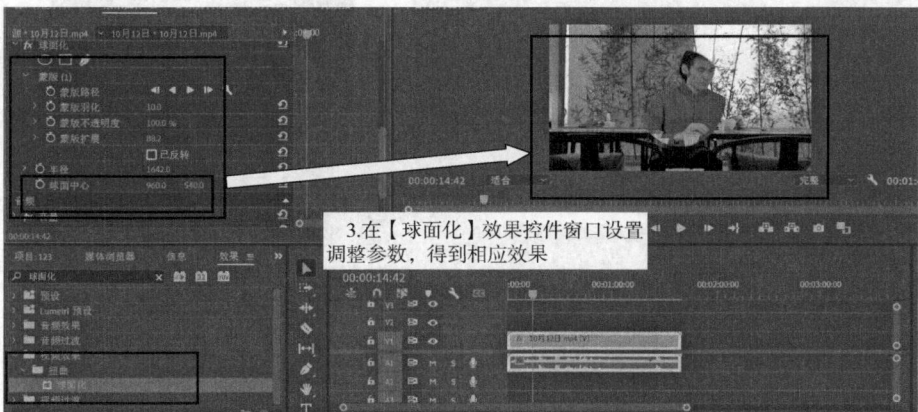

图 5-3-8　【球面化】效果控件参数调整

5.3.3 镜头扭曲

（1）【镜头扭曲】效果控件如图 5-3-9 所示。

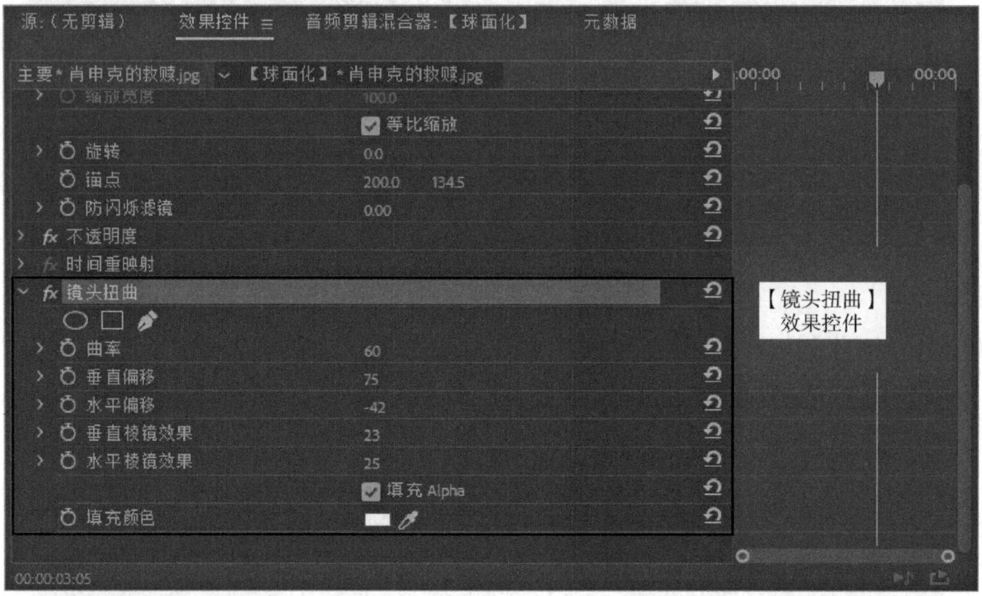

图 5-3-9 【镜头扭曲】效果控件

（2）"镜头扭曲"效果演示说明。

①在【效果-视频效果-扭曲】查找【镜头扭曲】效果控件，如图 5-3-10 所示。

图 5-3-10 搜索【镜头扭曲】效果控件

②将【镜头扭曲】效果控件拖至素材,并附着在素材上,如图5-3-11所示。

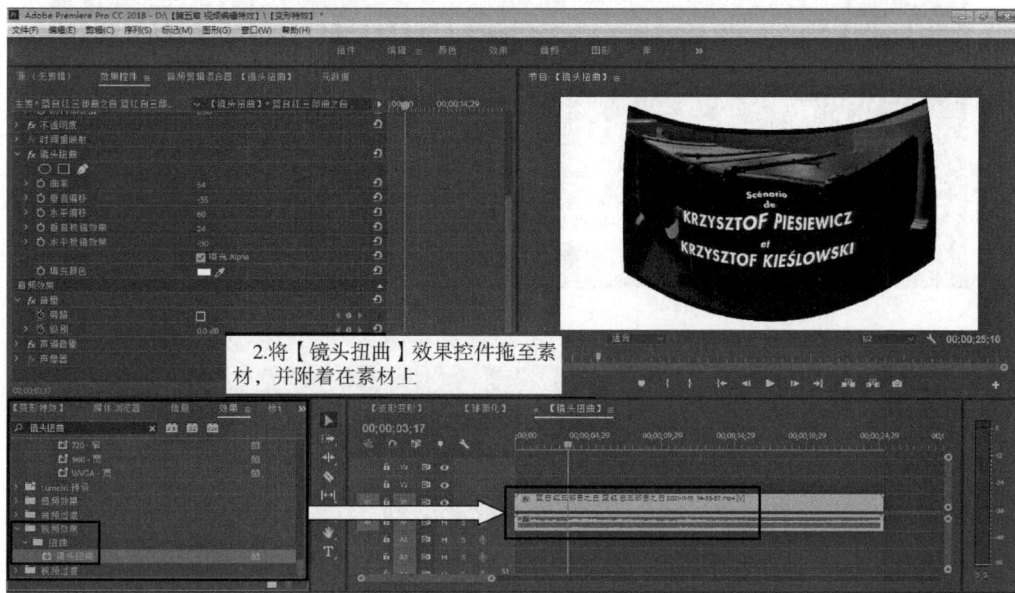

图5-3-11　将【镜头扭曲】效果控件拖至素材

③在【镜头扭曲】效果控件窗口设置参数,如图5-3-12所示。

图5-3-12　【镜头扭曲】效果控件参数调整

④变形特效样图,如图5-3-13~图5-3-15所示。

波形变形效果图一

波形变形效果图二

图 5-3-13　"波形变形"效果图

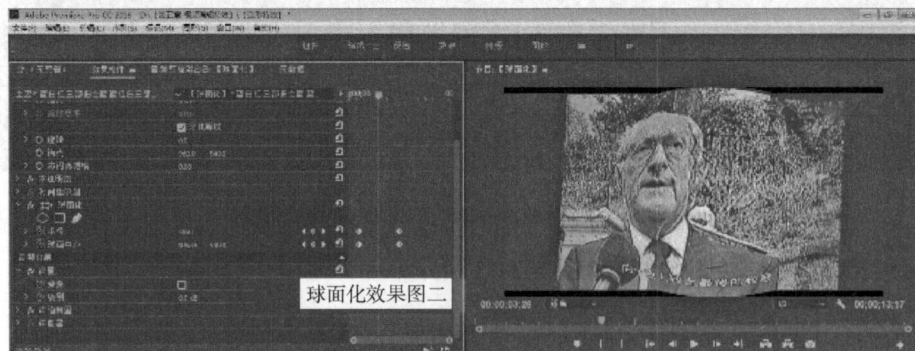

球面化效果图一

球面化效果图二

图 5-3-14　"球面化"效果图

镜头扭曲效果图一

镜头扭曲效果图二

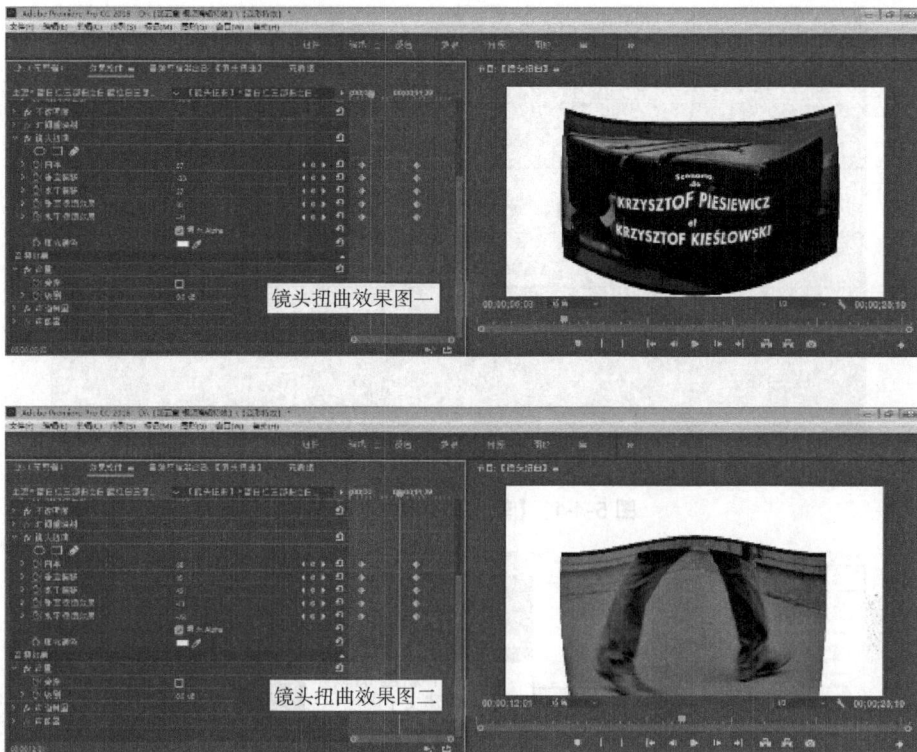

图 5-3-15　"镜头扭曲"效果图

5.4　特殊样式特效

在"特殊样式特效"这部分内容中,将运用 Pr 视频编辑软件中的特殊样式效果等控件,视频编辑软件以 Adobe Premiere Pro CC 2018 为例。要求学生熟练掌握视频制作过程中"变形特效"的制作过程,熟练掌握 Pr 软件中的相关知识和技能,并独立运用到作品创作中去,提高学生运用 Pr 编辑视频并制作视频特效的熟练程度。

5.4.1　轨道遮罩键

(1)【轨道遮罩键】效果控件,如图 5-4-1 所示。

(2)"轨道遮罩"效果演示说明。

①通过旧版标题,新建文字图层,如图 5-4-2 所示。

②在文字编辑窗口输入并编辑文字"遮罩",如图 5-4-3 所示。

③将文字图层拖到视频素材上一层,如图 5-4-4 所示。

④在效果栏搜索【轨道遮罩键】效果控件,并将其拖动至视频素材,使其附着在素材上,如图 5-4-5 所示。

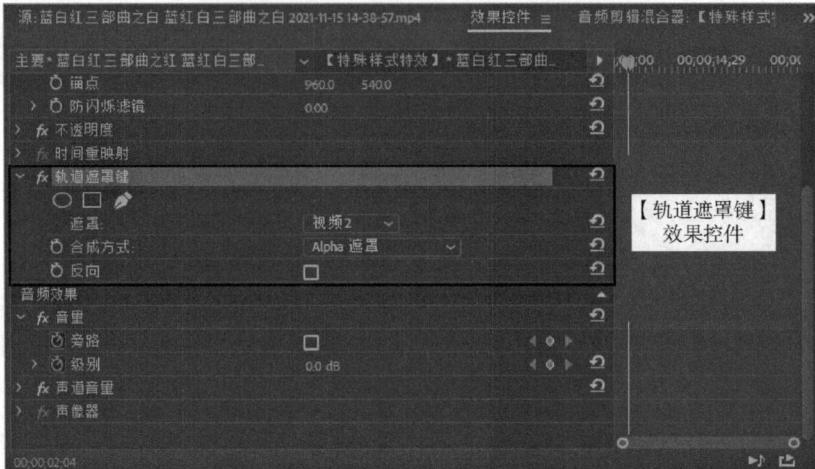

图 5-4-1 【轨道遮罩键】效果控件

图 5-4-2 新建旧版标题

图 5-4-3 输入文字"遮罩"

图 5-4-4　文字放在视频层上方

图 5-4-5　搜索【轨道遮罩键】效果控件

⑤在【轨道遮罩键】效果控件窗口【遮罩】处选择【视频 2】，如图 5-4-6 所示。

图 5-4-6　【遮罩】处选择【视频 2】

⑥在【轨道遮罩键】效果控件窗口【合成方式】下拉栏选择【Alpha 遮罩】,如图 5-4-7
所示。

图 5-4-7　设置为【Alpha 遮罩】

⑦在【轨道遮罩键-反向】处不勾选,如图 5-4-8 所示。

图 5-4-8　【轨道遮罩键-反向】处不勾选

⑧"轨道遮罩键"效果样图,如图 5-4-9 所示。

5.4.2　裁剪

(1)裁剪效果,其效果为裁掉视频上、下、左、右的边缘部分。模拟制作拉开帷幕效果设
置,如图 5-4-10 所示。

图 5-4-9 "轨道遮罩键"效果图

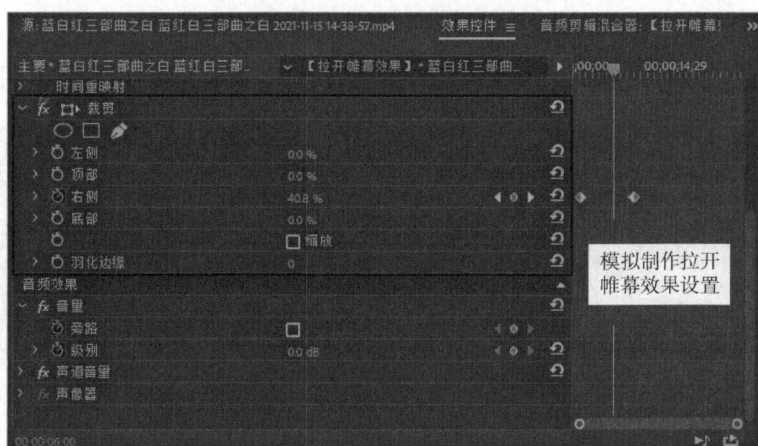

图 5-4-10 模拟制作拉开帷幕效果设置

（2）"拉开帷幕"效果演示说明。

①在效果搜索栏查找【裁剪】效果控件，如图 5-4-11 所示。

图 5-4-11 搜索【裁剪】效果控件

②将【裁剪】效果控件拖至视频素材并使其附着于素材上,如图 5-4-12 所示。

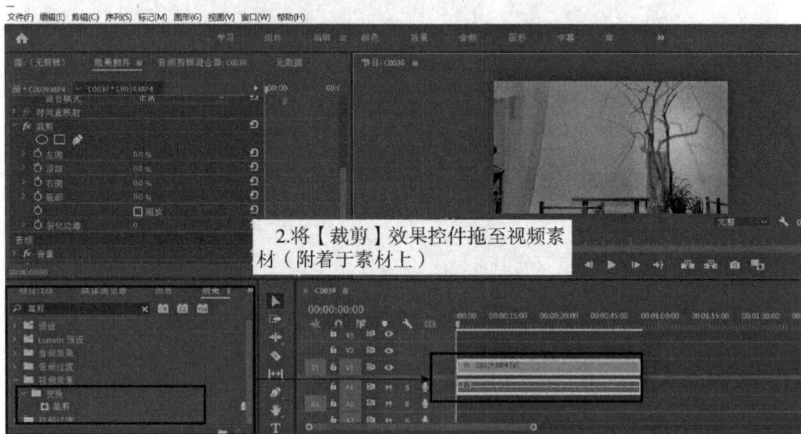

图 5-4-12　将【裁剪】效果控件拖至视频素材

③在【裁剪】效果控件窗口调整数值并打上关键帧,制作拉开帷幕效果,如图 5-4-13 所示。

图 5-4-13　利用【裁剪】效果控件设置参数

④"拉开帷幕"效果样图,如图 5-4-14 所示。

图 5-4-14　"拉开帷幕"效果样图

5.4.3 RGB 失真分离效果

(1)【颜色平衡(RGB)】效果控件。

RGB 失真分离效果可采用【颜色平衡(RGB)】效果控件,如图 5-4-15 所示。

图 5-4-15 【颜色平衡 RGB】效果控件

(2)RGB 失真分离效果演示说明。

①在效果搜索栏查找【颜色平衡(RGB)】效果控件,如图 5-4-16 所示。

图 5-4-16 搜索【颜色平衡(RGB)】效果控件

②将【视频效果–图像控制】下的【颜色平衡(RGB)】效果控件拖至素材,使其附着在视频素材上,如图 5-4-17 所示。

图 5-4-17　将【颜色平衡(RGB)】效果控件拖至素材

③将视频 1 效果控件中的【不透明度-混合模式】调成【滤色】,如图 5-4-18 所示。

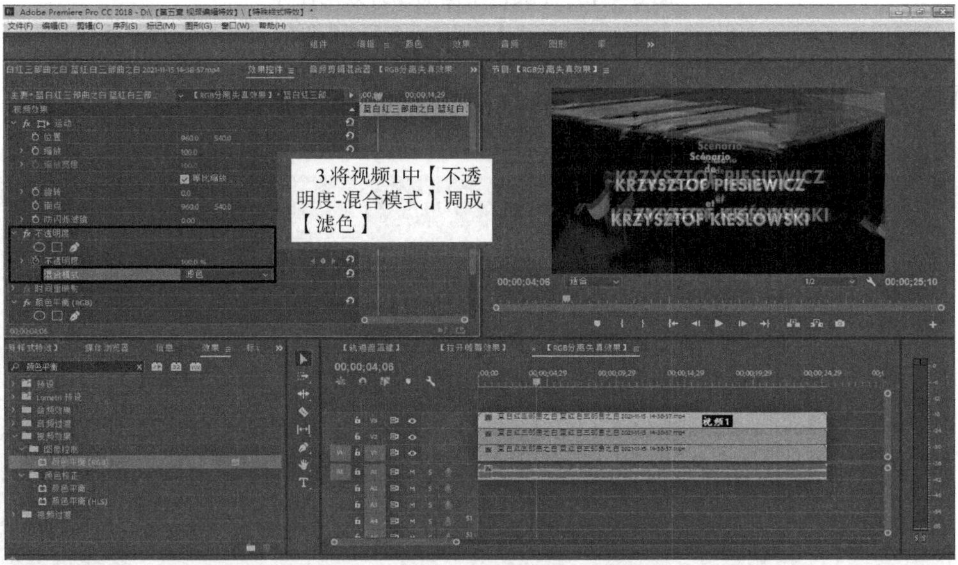

图 5-4-18　效果控件中的【不透明度-混合模式】调成【滤色】

④利用【颜色平衡(RGB)-红色】调整数值,如图 5-4-19 所示。

⑤参照视频 1,将视频 2【不透明度-混合模式】调成【滤色】,【颜色平衡(RGB)效果控件-绿色】调上数值,如图 5-4-20 所示。

⑥参照视频 2,将视频 3【不透明度-混合模式】调成【滤色】,【颜色平衡(RGB)-蓝色】调上数值,如图 5-4-21 所示。

4.将视频1中【颜色平衡(RGB)-红色】调整数值

图 5-4-19 利用【颜色平衡(RGB)-红色】调整数值

5.参照视频1,将视频2【不透明度-混合模式】调成【滤色】,【颜色平衡(RGB)效果控件-绿色】调上数值

图 5-4-20 "RGB 失真分离"效果演示步骤 5

6.参照视频2,将视频3【不透明度-混合模式】调成【滤色】,【颜色平衡(RGB)-蓝色】调上数值

图 5-4-21 "RGB 失真分离"效果演示步骤 6

（3）"RGB 失真分离"效果样图，如图 5-4-22 所示。

图 5-4-22　"RGB 失真分离"效果样图

5.4.4　画面分割转场效果

（1）【线性擦除】效果控件，如图 5-4-23 所示。

图 5-4-23　【线性擦除】效果控件

（2）"画面分割转场"效果演示说明。

①通过【文件-新建-旧版标题】新建旧版标题字幕图层，如图 5-4-24 所示。

②在字幕设计窗口使用矩形工具在绘制区域画出矩形，颜色暂时选择为白色，如图 5-4-25 所示。

③将绘制好的字幕图层拖至视频素材上层，如图 5-4-26 所示。

图 5-4-24　新建旧版标题字幕图层

图 5-4-25　在字幕设计窗口画出矩形

图 5-4-26　绘制好的字幕图层拖至视频素材上层

④点击选中视频素材上层已经做好的白色图层,右键单击出现选项,选择【嵌套】,如图 5-4-27 所示。

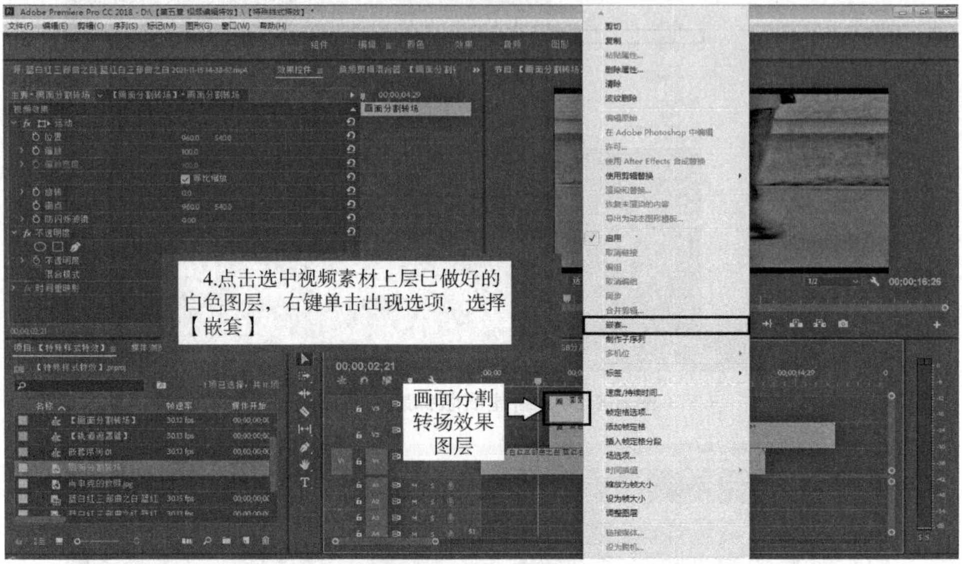

图 5-4-27　图层嵌套

⑤鼠标点击选择【嵌套】,出现"生成嵌套序列"的对话框,如图 5-4-28 所示。

图 5-4-28　生成嵌套序列

⑥点击弹出的对话框中的【确定】键,获得画面转场效果字幕图层的嵌套序列,如图 5-4-29 所示。

⑦双击嵌套序列随即出现新窗口,按住【ALT】键并使用鼠标按住原有图层向下一层轨道拖动,使得窗口中的画面分割转场图层复制出新图层,如图 5-4-30 所示。

图 5-4-29　"生成嵌套序列"效果演示

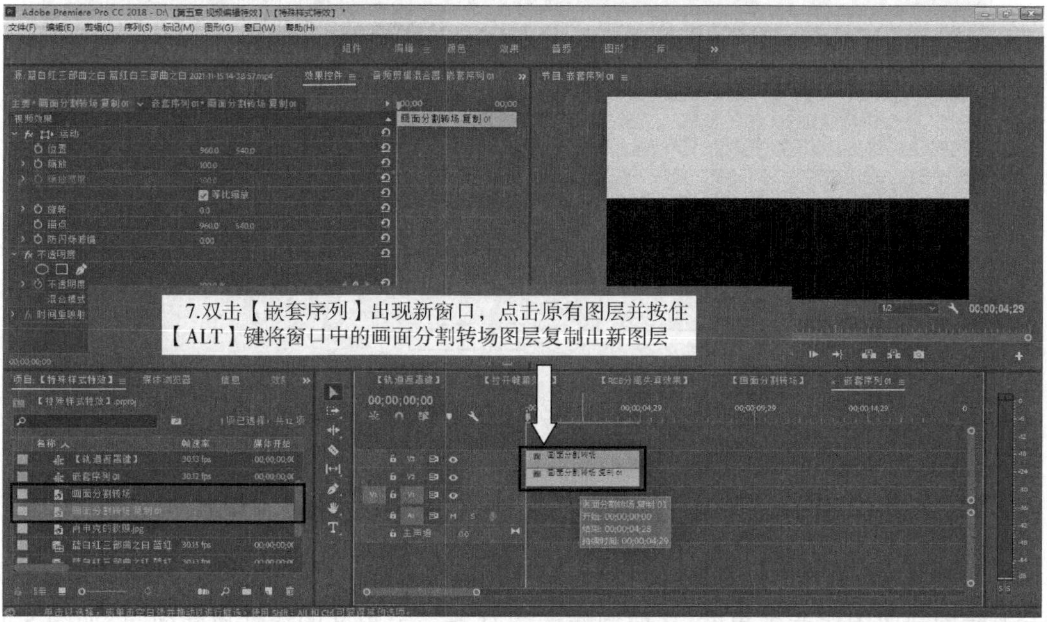

图 5-4-30　"嵌套序列"复制

⑧将新复制的画面分割转场图层沿 Y 轴路径向下移动,使原图层和新的复制图层将视频窗口完全覆盖,如图 5-4-31 所示。

⑨在效果栏查找【线性擦除】效果控件,并拖动至画面分割转场图层,使【线性擦除】效果控件附着在画面分割转场图层,如图 5-4-32 所示。

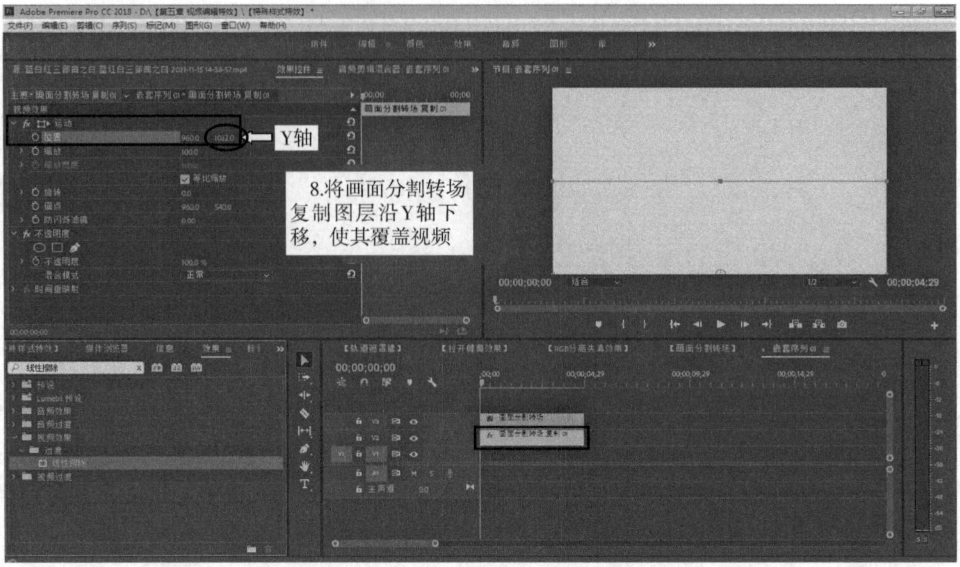

图 5-4-31　沿 Y 轴路径向下移动新图层

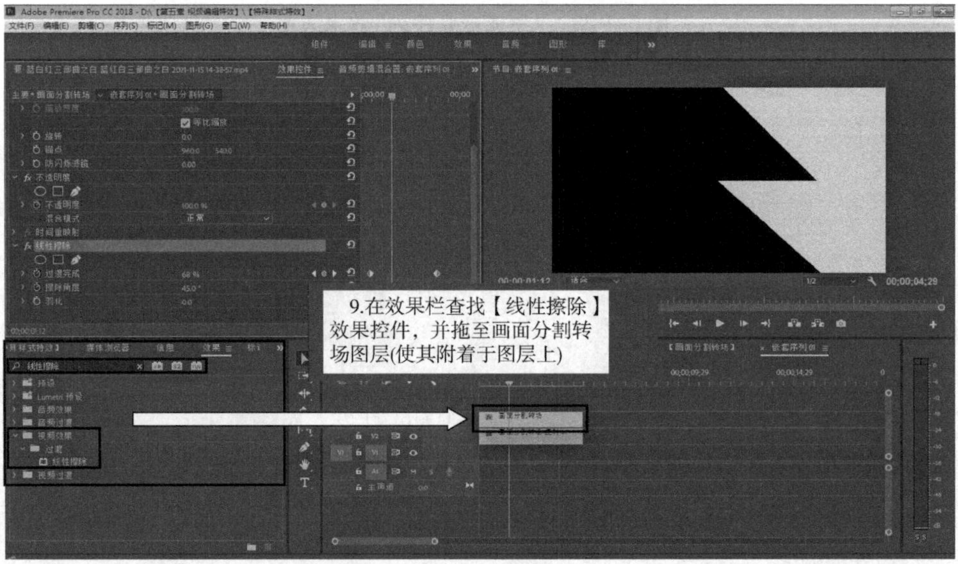

图 5-4-32　将【线性擦除】效果控件附着在画面分割转场图层

⑩在画面分割转场的【线性擦除】效果控件窗口调整数值,设置【擦除角度】数值,使得画面分割转场蒙版图层产生角度,从而制作产生具备一定角度的线性擦除效果,如图 5-4-33 所示。

⑪参照画面转场效果图层 1,将【线性擦除】效果控件附在画面分割转场图层上,并在效果控件窗口调整数值并打上关键帧,以产生画面擦除效果,将图层 2 的【擦除角度】设置为 "负值",得到反转的画面分割图层,两个图层共同产生画面分割转场效果,如图 5-4-34 所示。

图 5-4-33　设置【擦除角度】参数

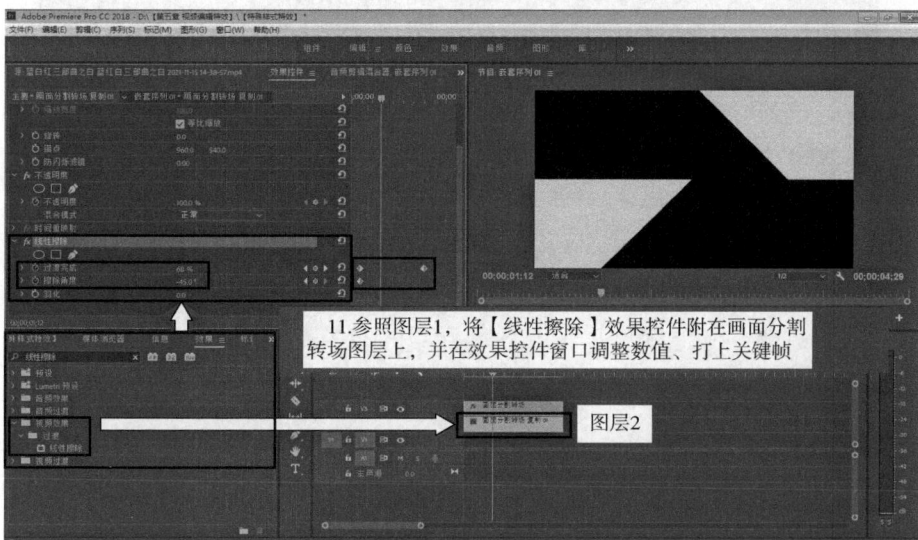

图 5-4-34　设置【擦除角度】参数并记录关键帧动画

⑫在效果栏查找【轨道遮罩键】效果控件并附着于视频 1 素材,随后在【轨道遮罩键】效果控件窗口调整数值,将【遮罩】栏选择为【视频 3】,【合成方式】栏选择为【亮度遮罩】,从而得到画面分割转场效果,如图 5-4-35 所示。

5.4.5　镜像效果

(1)【镜像】效果控件如图 5-4-36 所示。

(2)"镜像"效果演示说明如图 5-4-37 所示。

(3)在【镜像】效果控件窗口调整数值,设置【反射中心】【反射角度】等数值,如图 5-4-38所示。

图 5-4-35 为视频 1 添加"轨道遮罩键"并设置

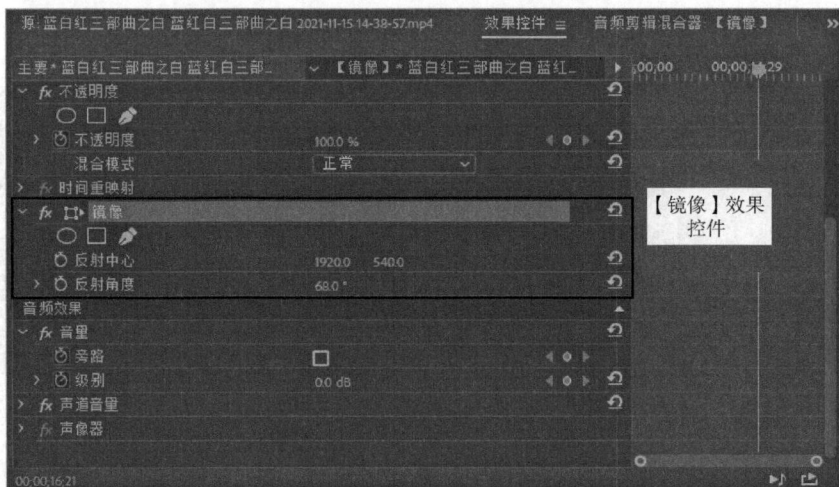

图 5-4-36 【镜像】效果控件

图 5-4-37 搜索【镜像】效果控件并将其拖到视频素材

图 5-4-38　【镜像】参数设置

（4）"镜像"效果图，如图 5-4-39 所示。

图 5-4-39　"镜像"效果图

5.4.6　镜头变速效果

　　镜头变速主要为改变视频本身帧速率，使其大于或小于标准帧速率 25fps，从而使得镜头中的摄像机运动、物体运动发生运动变化，可以快速，也可以慢速。慢镜头便于观众欣赏到精彩镜头的瞬间，观察到更多的细节；快镜头使得画面具有动感和节奏感，增加信息量避免拖拉。有时候快慢动作经常是混在一个镜头当中，造成镜头运动速率的多样性，从而使观众更加紧张和专注。变速效果在影视、专题片、纪录片、综艺节目中经常使用。

（1）【速度/持续时间】按钮如图 5-4-40 所示。

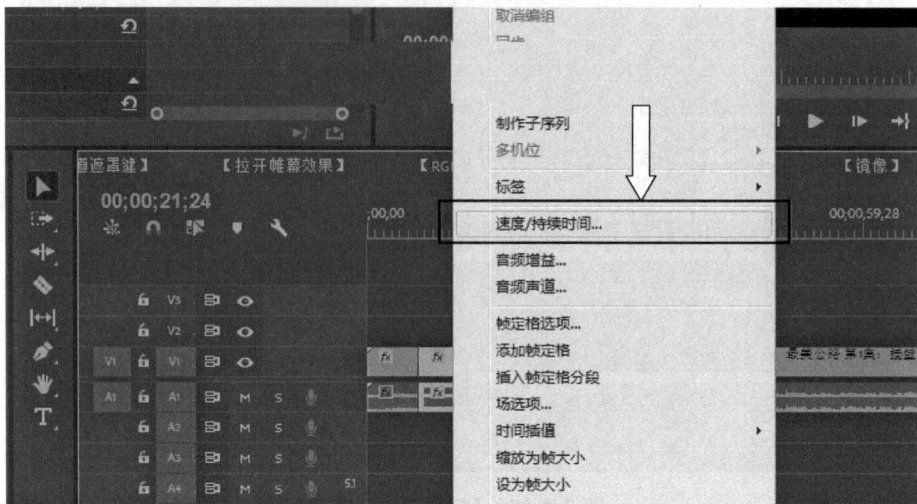

图 5-4-40 【速度/持续时间】按钮

（2）镜头变速效果演示说明。

①使用【剃刀工具】选择视频素材某处进行切割，截取变速视频段起点，如图 5-4-41 所示。

图 5-4-41 使用【剃刀工具】切割素材获得起点

②使用【剃刀工具】切割截取变速视频段止点，如图 5-4-42 所示。

③将截取的视频段留出足够的空间以供制作慢速视频段（图 5-4-43），右键点击视频素材截取部分，在弹出的选项中选择【速度/持续时间】按钮，如图 5-4-44 所示。

④在弹出的对话框内将速度值设置小于 100 以制作快速变速效果，同时勾选【保持音频音调】按钮，再点击【确定】生成慢速视频，如图 5-4-45 所示。

图 5-4-42　使用【剃刀工具】切割截取变速视频段止点

图 5-4-43　留出空白段

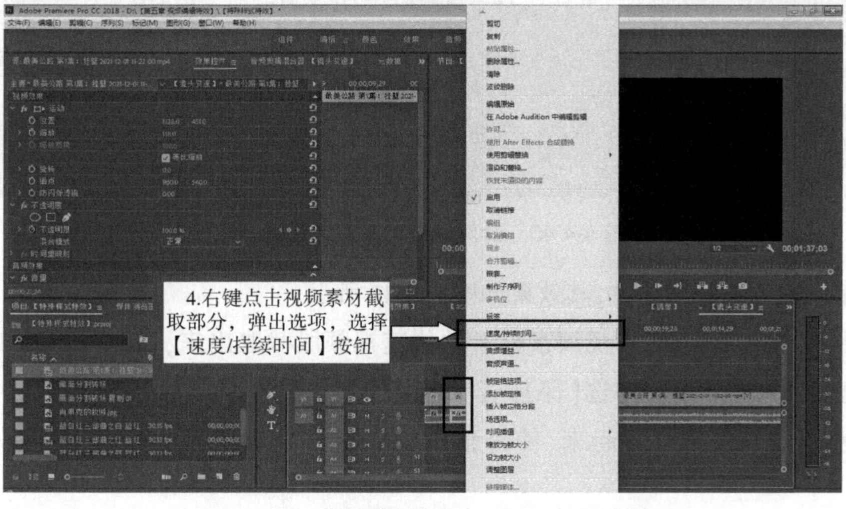

图 5-4-44　右键选择【速度/持续时间】按钮

图 5-4-45　调整速率值

⑤再右键单击所截取视频段后方留出的空白段进行波纹删除,如图 5-4-46 所示。

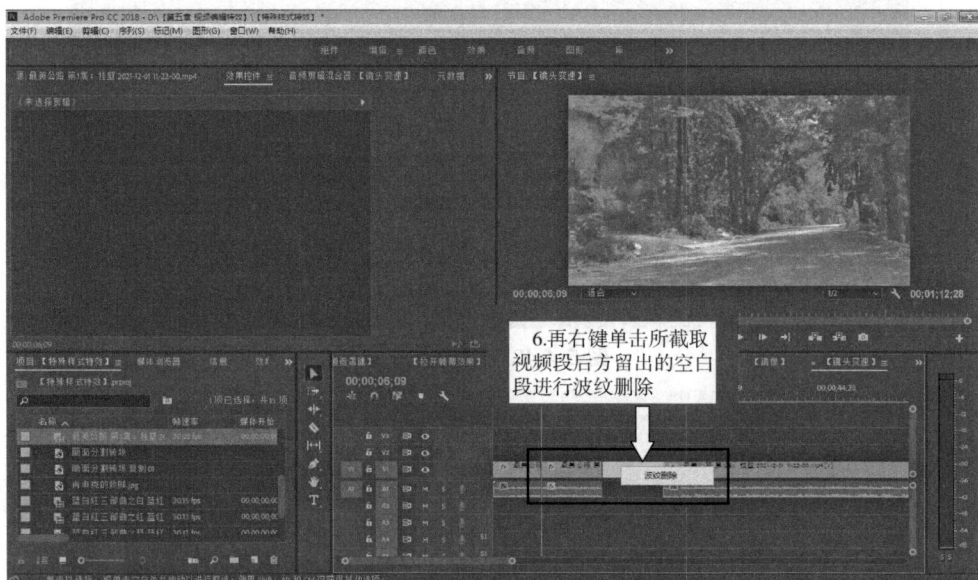

图 5-4-46　时间线空白段进行波纹删除

⑥使整个视频段完整合并,其效果如图 5-4-47 所示。

⑦按照同样的流程,再将视频素材上的快速视频段截取出来,调整所截取的视频段的速度值(速度值大于 100),勾选【保持音频音调】,生成快速视频段,再进行波纹删除,将整个快速慢速变速视频段合起来,使得整段视频素材具有快慢的变速效果,如图 5-4-48 所示。

图 5-4-47 "镜头变速"效果演示

图 5-4-48 "镜头变速"速率加快生成快速视频

5.5 小 结

　　本章节主要讲解视频调色特效、蒙版特效、变形特效、特殊样式特效、视频变速特效的各个效果控件应该如何运用,以及如何制作不同类别的特效。要注意的是,调色特效的使用要保证画面的统一,其他特效根据剧情和效果需要适当添加,初学者不可以没有根据地添加特效,以避免影响作品最终观感。

5.6　课后思考与练习

（1）常用的调色特效有哪些？

（2）视频调色中的注意事项有哪些？

（3）蒙版特效的常用方法有哪些？

（4）如何调节特效中的参数，使得特效动画更流畅？

第6章

AE基本动画制作

知识点应用：用 AE 制作动画和特效是目前主流的影视后期制作方式之一，它具有方便、快捷的特点。本章主要介绍了 AE 的层的概念、层的建立方法和 10 个常用层元素的不同作用。其中文字层和纯色层、形状层用得比较多，灯光层和摄像机属于高级用法，通常用在三维图层动画中，制造视频的三维效果。同时介绍 AE 基本动画制作的基础属性：位置、旋转、缩放、透明度。通过这四个参数的结合、变化、交替和反复，可以制作非常出色的动画效果。另外一个重要用法为关键帧的使用，它是创作动画的基础，初学者一定要熟悉关键帧的打开、关闭、移动等操作，不同关键帧之间的距离会对动画的运动速率产生影响，要实时观看调节。在应用 AE 软件进行合成的时候一定要学会快捷键的使用，以便于进行多图层动画的修改，如快速打开动画属性修改动画，达到事半功倍的效果。

学习重点：

- 理解后期合成原理。
- 理解层的概念。
- 掌握关键帧的设置。
- 掌握位置设置与动画。
- 掌握比例设置与动画。
- 掌握旋转设置与动画。
- 掌握不透明度设置。
- 掌握常用锚点的设置。

6.1 认 识 AE

AE 软件全称为 Adobe After Effects,是 Adobe 公司推出的一款图形视频处理软件,是视频后期合成处理领域的专业编辑软件,是影视从业人员必须掌握的视频编辑和视频设计软件之一。它可用于 2D 和 3D 合成、动画和视觉效果,尤其在视频特效制作方面占有重要地位。AE 软件主要用于影视后期制作、电影电视特效制作、电视栏目包装等。我们学习软件首先要对它产生兴趣,自己想去探索,否则学起来会觉得很枯燥。

在使用前,先了解 AE 软件界面的基本构成。在利用 AE 进行操作时通常要用到以下几个窗口,如图 6-1-1 所示。

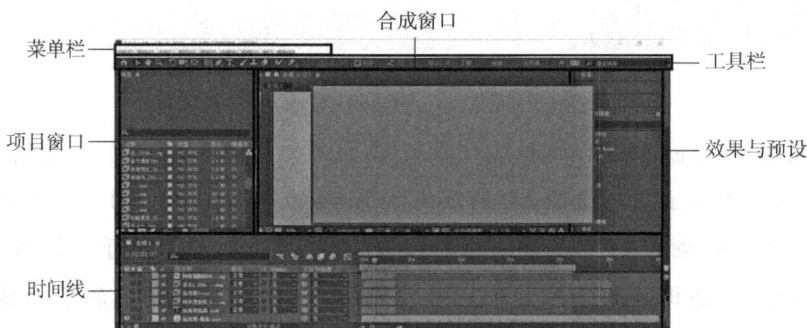

图 6-1-1 AE 操作窗口

(1)菜单栏:包含了软件全部功能的命令操作,共有 9 项菜单,分别为文件、编辑、合成、图层、效果、动画、视图、窗口和帮助。

(2)工具栏:包括经常使用的工具,有些工具按钮不是单独的按钮,在其右下角有三角标记的都含有多重工具选项。如图 6-1-2 所示。

图 6-1-2 工具栏

(3)项目窗口:主要用于导入、存放和管理视频项目中所使用素材,如图 6-1-3 所示。

(4)合成窗口:用于预览时间线面板中经过处理的图层的合成效果,如图 6-1-4 所示。

(5)时间线窗口:主要用于创建动画、管理层的顺序、素材组接、设置关键帧等,大部分关键帧特效都在这里完成,如图 6-1-5 所示。

(6)效果和预设窗口:主要对时间线上的素材进行特效添加,如图 6-1-6 所示。

(7)效果控件窗口:主要用于对各种特效的参数进行设置,对素材进行效果添加后出现此窗口,如图 6-1-7 所示。

在制作项目时的基本工作流程:新建合成→导入素材→修改图层属性→制作图层动画→添加效果→添加文字→导出视频。

图 6-1-3　项目窗口

图 6-1-4　合成窗口

图 6-1-5　时间线窗口

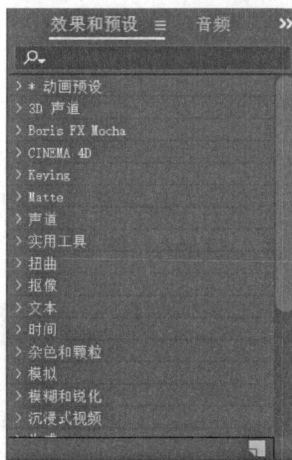

图 6-1-6　效果和预设窗口

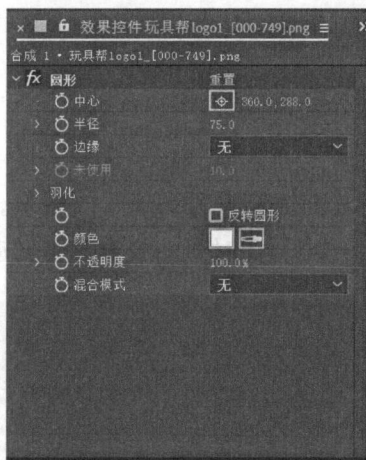

图 6-1-7　效果控件窗口

6.2　层的概念和作用

在 AE 中,层是组成影片的基本部件,也是构成合成图像的最基本元素,它就像 Ps 的图层一样。可以将层比喻为一张一张叠起来的透明胶片,每张透明胶片上都有不同的画面,多

113

张透明胶片叠加在一起时就构成一幅完整的画面,形成了最终的合成图像,如图 6-2-1 和图 6-2-2所示。

图 6-2-1　层

图 6-2-2　合成图像

与 Ps 的图层不同,Ps 图层中的元素只能是静态的,AE 的层中组成合成图像的基本元素既可以是静态的图像,也可以是动态的影片或动画。

合成图像的最终效果实际是通过对层的操作完成的,因此改变层的顺序和属性可以改变整个合成图像的最终效果。使用层可以在不影响合成图像其他素材的情况下处理其中一个素材,同时可以创建出很多复杂的合成图像效果。

6.2.1　层的产生

产生层的操作非常简单,可以选择以下方法之一实现。

1)利用素材产生层

在项目窗口中选择需要编辑加工的素材,并按下鼠标左键将素材拖入时间线窗口或者合成窗口中(图 6-2-3),此时时间线窗口会自动生成该素材的层(图 6-2-4)。

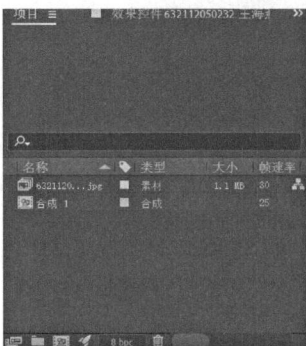

图 6-2-3　选择并拖入素材

图 6-2-4　产生层

2)利用菜单命令产生层元素

选择图层新建命令,或在项目窗口的空白处,甚至可以在时间线窗口的空白处单击鼠标右键,在弹出的快捷菜单中选择新建命令,再选择相应类型的层命令新建层,如图 6-2-5、图 6-2-6所示。层元素有文字、纯色、灯光、摄像机、空对象等内容。

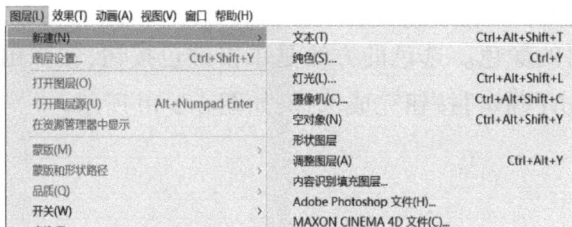

图 6-2-5　项目窗口新建层

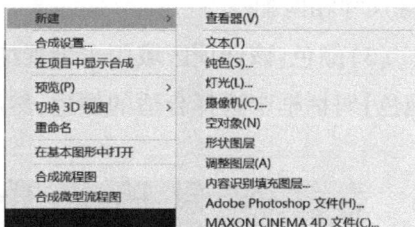

图 6-2-6　时间线窗口新建层

6.2.2　层的类型

在 AE 中,层的类型有以下 10 种。

1)素材层

将项目窗口的素材直接拖入时间线窗口而得到的层。

2)文本层

用于文本编辑和文字动态处理的层,以设置丰富的文字效果和动画。文本层可以通过上述的操作使用菜单命令产生,也可以使用工具栏中的【文本】工具直接在合成图像中添加文本,从而获得文本层,如图 6-2-7 所示。该层创建完毕后,如图 6-2-8 所示。

图 6-2-7　文本工具

图 6-2-8　文本层

3)纯色层

随着版本更新,纯色层被叫作一个自定义颜色的层,相当于 Ps 的空白图层。在不使用视频素材的情况下,用一个或几个纯色层加特效就能制作出华美的视频效果。如果再充分利用【路径】工具,甚至可以制作出任何动画效果。纯色层也可以理解为某一个特效场景的背景。纯色层虽然只是一个单颜色的静态层,但在制作中常被用来进行添加遮罩、添加特效等操作,添加特效后原来的颜色属性隐藏,而显示特效效果。

使用菜单命令新建纯色层时会弹出一个【纯色设置】对话框,如图 6-2-9 所示,要求用户设置纯色层的相关信息。

纯色设置对话框中的主要设置项如下所示。

(1)名称:该文本框用于输入纯色层的名称。

（2）大小：该选项区域用于设置纯色层的尺寸。若选择【将长宽比锁定为】复选框，则可以锁定纯色层的长宽比；若单击【制作合成大小】按钮，则可以使纯色层的尺寸设置为与合成图像尺寸相匹配。

（3）颜色：该选项区域用于设置纯色层的颜色。选色的方法是单击颜色按钮，在弹出的【纯色】对话框中选择合适的颜色，然后单击【确定】按钮完成选择，如图 6-2-10 所示。

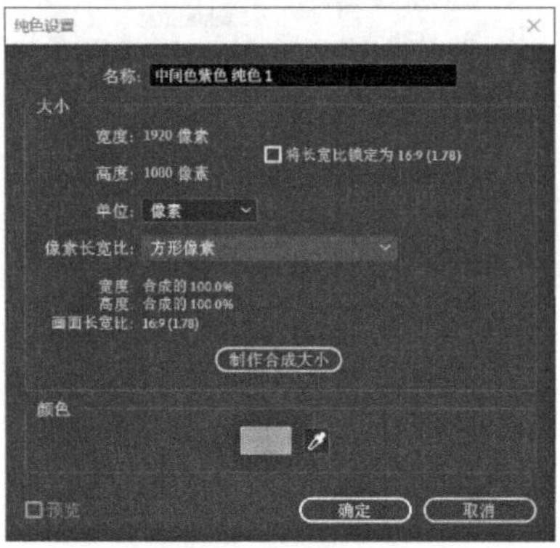

图 6-2-9 【纯色设置】对话框

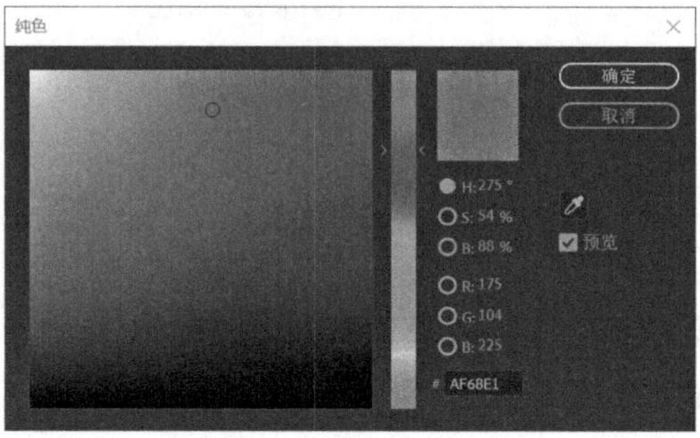

图 6-2-10 颜色设置

完成了所有的设置后，单击【纯色设置】对话框中【确定】按钮后，即可完成纯色层的添加，如图 6-2-11、图 6-2-12 所示。

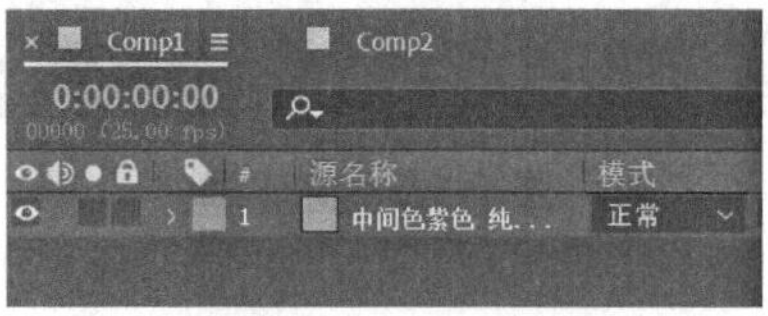

图 6-2-11 纯色时间线

图 6-2-12 纯色图层

4）灯光层

灯光层建立好以后会出现在最上层的位置，而且该层只有在 3D 模式下才能使用，因此该层主要用于三维合成制作，让二维对象在背景中凸显，从而产生三维层次的效果，还可以通过关键帧对灯光实现光的动态和阴影的变化。

使用菜单命令新建纯色层时会弹出一个【灯光设置】对话框（图 6-2-13），要求用户设置纯色层的相关信息。

灯光设置对话框中的主要设置项如下所示。

（1）名称：该文本框用于输入灯光层的名称。

（2）灯光类型：该下拉列表框用于设置灯光的类型，AE 提供了平行光源、聚光源、点光源和环境光源 4 种类型供用户使用。

（3）强度：该文本框用于设置灯光的强度，数值为100%时灯光强度最大。

（4）锥形角度：该文本框用于设置灯罩的角度，控制光照范围和方向。这个属性只有在灯光类型为点光源时才被激活，数值越大，光照范围越大。

（5）锥形羽化：该文本框用于设置灯光边缘范围的羽化值。这个属性同样只有在灯光类型为点光源时才被激活，数值越大，边缘越柔和。

（6）颜色：该选项组用于设置灯光的颜色。

（7）投影：该复选框用于设置是否打开投射阴影。若该复选框被选中，则下面的【阴影深度】和【阴影扩散】属性将被启用。

图 6-2-13　【灯光设置】对话框

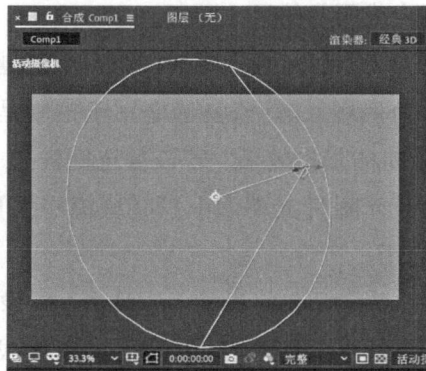

完成了所有的设置后，单击【灯光设置】对话框中的【确定】按钮后，即可完成灯光层的添加，如图 6-2-14 和图 6-2-15 所示。

图 6-2-14　添加灯光层

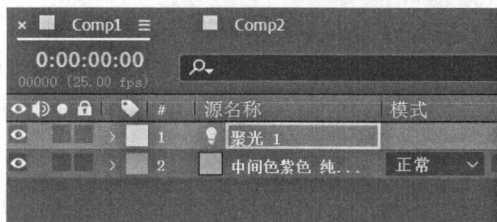

图 6-2-15　聚光时间线

5）摄像机层

摄像机层主要用于控制三维合成时的最终视角表现，调整视觉角度。拥有摄像机层就等于拥有了一双可以变化角度的眼镜，可以让摄像机移动达到特效，让摄像机抖动达到震撼，还可以让摄像机达到真实场景状态，等等。

使用菜单命令新建纯色层时会弹出一个【摄像机设置】对话框（图 6-2-16），要求用户设置纯色层的相关信息。

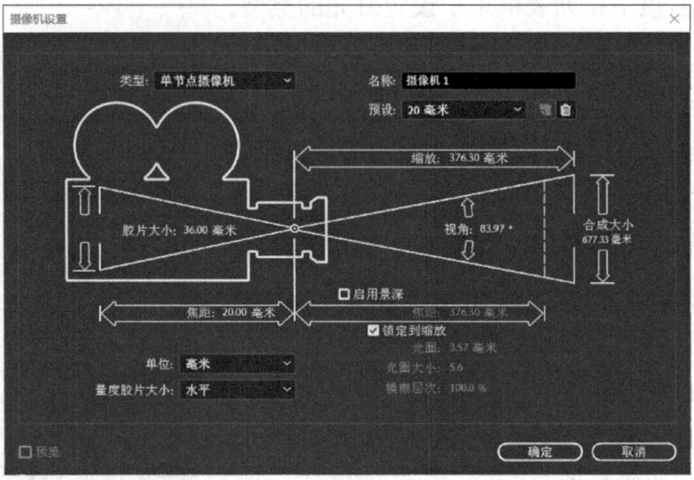

图 6-2-16 【摄像机设置】对话框

摄像机设置对话框中的主要设置项如下所示。

（1）名称：该文本框用于输入摄像机层的名称。

（2）预设：该下拉列表框用于设置摄像机的镜头类型，AE 提供了 15mm（广角镜头）、35mm（标准镜头）和 200mm（鱼眼镜头）等 9 种常用的镜头类型供用户使用。

（3）视角：该文本框用于控制摄像机可视范围的大小，数值越大，可视范围就越大。

（4）缩放：该文本框用于设置摄像机的可视范围和层平面之间的距离。

（5）胶片大小：该文本框用于设置指定胶片使用合成图像的尺寸面积。

（6）焦距：该文本框用于设置摄像机的焦点长度，数值越小，摄像机的视野范围就越大。

图 6-2-17 添加摄像机层

（7）启用景深：该复选框用于控制是否开启摄像机的景深效果。若该复选框被选中，则下面的【光圈】【光圈大小】和【模糊层次】属性将被启用。

完成了所有的设置后，单击【摄像机设置】对话框中的【确定】按钮后，即可完成摄影机层的添加，如图 6-2-17 所示。

应用 15mm 广角摄像机层前后的效果对比如图 6-2-18 和图 6-2-19 所示。

6）空对象层

空对象层虽然不能显示在画面中，但可以在其上进行效果和动画设置，辅助动画制作，该层经常用来制作父子链接和配合表达式。由于该层属虚拟层，在最终输出时同样是不会被显示出来的。该层创建完毕后其效果如图 6-2-20 和图 6-2-21 所示。

7）形状图层

形状图层可以使用工具栏上的形状工具或者钢笔工具进行创建，如图 6-2-22 和图 6-2-23 所示，也可以选择【图层-新建-形状图层】命令创建。在该层中可以使用钢笔工具任意地绘制出图形，也可以使用【效果】添加效果。该层创建完毕后如图 6-2-24 和图 6-2-25 所示。

图 6-2-18　应用广角相机层前效果

图 6-2-19　应用广角相机层后效果

图 6-2-20　空对象层时间线

图 6-2-21　空对象层设置完毕效果图

图 6-2-22　形状工具

图 6-2-23　钢笔工具

图 6-2-24　形状图层时间线

图 6-2-25　添加效果

图 6-2-26　调整图层创建完毕

8）调整图层

调整图层同样不显示在画面中，用来添加效果，对其他图层进行效果的调节。该层一般位于最上方，在该层上添加特效只会对下面的层有效。由于该层是透明的，在最终输出时不会被显示出来。该层创建完毕后如图 6-2-26所示。

9）Ps 文件层

Ps 文件层可以使得层转化为 Ps 使用的 *.psd 格式文件，该文件可以使用 Ps 编辑。

10）合成图像层

合成图像层是由多个层组合后产生的层。该层创建完毕后如图 6-2-27 所示。

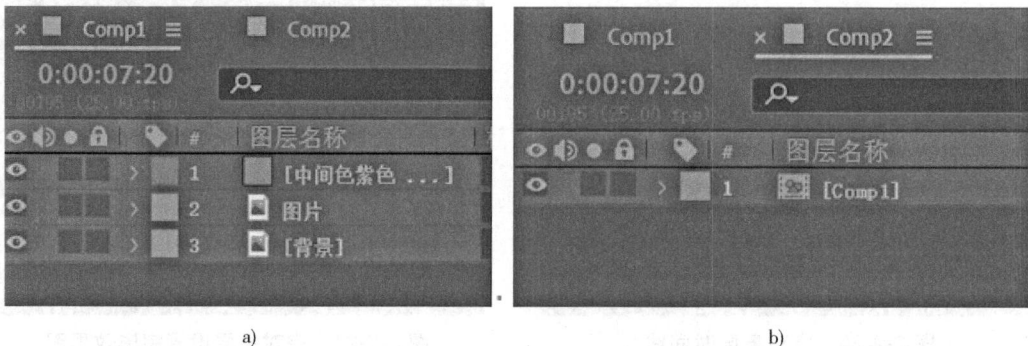

a)

b)

图 6-2-27　合成图像层

6.2.3　层操作的窗口

关于层操作的窗口主要有三个：时间线窗口、合成窗口和图层窗口。

1）时间线窗口

当素材从项目窗口拖入到时间线窗口中，即自动产生层。在时间线窗口中可以调整层的时间位置，也可以设置层的各种属性，甚至可以通过设置关键帧产生动画的效果。时间线窗口如图 6-2-28 所示。

图 6-2-28　时间线窗口

2）合成窗口

合成窗口主要用于进行合成效果监视。在该窗口中，可以对层的各种属性进行调节，如缩放、旋转、位置移动和锚点等；还可以为层添加效果特效，通过该窗口对特效效果进行调节；在该窗口中甚至还可以为层建立遮罩。合成窗口如图 6-2-29 所示。

3）图层窗口

图层窗口用于显示合成图像窗口中的层信息。在该窗口中，可以对层中的素材进行剪辑操作，不但可以控制静态图像的显示时间，还可以调节动态影像的开始帧和结束帧。双击时间线窗口中的层即可打开合成窗口。图层窗口如图 6-2-30 所示。

图 6-2-29　合成窗口

图 6-2-30　图层窗口

6.2.4　层的基本操作

在 AE 中，层有很多基本的操作方式，除了创建新层外，还可以进行选择层、复制层、移动层和删除层等操作，掌握好这些基本的操作方法可以更好、更有效地制作出满意的特效。下面来逐一介绍层的基本操作。

1）层的选择

AE 支持用户对层进行单独操作，也允许对多个层进行同时操作，用户可以根据自身的需要用不同的方法选择层。

（1）选择单个层：直接在时间线窗口或合成窗口中单击需要选择的层。

（2）选择多个连续的层：在时间线窗口中单击第一个需要选择的层，然后按下【Shift】键，再单击需要选择的最后一个层，此时第一个层和最后一个层之间的多个连续的层都会被选中。

（3）选择多个不连续的层：按下【Ctrl】键，在时间线窗口中逐个单击需要选择的层。

（4）选择所有层：使用快捷键【Ctrl+A】，或选择【编辑-全选】命令即可把所有层选中。

（5）取消层选择：在时间线窗口的空白处单击，或者选择【编辑-全部取消选择】命令即可取消层的选择。

2）层的复制

在时间线窗口中选择需要复制的层，使用快捷键【Ctrl+D】，即可在该层上方复制出一个同样的层，如图 6-2-31 所示。复制出来的层包括了原层的所有效果设置。

图 6-2-31　复制层

3）层的移动

AE 通过对层进行编号来确定层在合成图像中的位置。在编辑合成图像时,层的位置决定了层在合成图像中显示的优先级别,最上面层的优先级别最高,层的顺序排列直接影响到合成图像的最终效果。

用户一般可以通过鼠标在时间线窗口中拖动需要调整的层到指定位置来实现层的移动,如果层的数量太多,则可以使用下列方法移动层:

（1）选择【图层-排列-使图层置于顶层】命令,或者使用快捷键【Ctrl+Shift+]】将选择的层移动至最前端。

（2）选择【图层-排列-使图层置于底层】命令,或者使用快捷键【Ctrl+Shift+[】将选择的层移动至最后端。

（3）选择【图层-使图层前移一层】命令,或者使用快捷键【Ctrl+]】将选择的层向前移动层。

（4）选择【图层-使图层后移一层】命令,或者使用快捷键【Ctrl+[】将选择的层向后移动层。

4）层的删除

在时间线窗口中选择需要删除的层,按下【Delete】键即可。

5）层的剪辑

剪辑层就是改变层在合成图像中的入点和出点位置的操作。

剪辑视频或音频层用于控制层的开始帧或结束帧,对于原来的素材不会有任何影响。剪辑静态图片用于改变其在合成图像中显示的时间。剪辑层的方法有以下两种。

（1）在时间线窗口中剪辑层。在时间线窗口中选择需要剪辑的层,将时间线移动到需要剪辑的位置,然后按下快捷键【Alt+[】剪辑层的入点,或按下快捷键【Alt+]】剪辑层的出点,如图 6-2-32 所示。

图 6-2-32　剪辑层

（2）在图层窗口中剪辑层。在时间线窗口中双击需要剪辑的层,打开该层的图层窗口,将该窗口中的时间线移动到需要剪辑的位置,然后单击窗口中的剪辑入点按钮【　】剪辑层的入点或单击剪辑出点按钮【　】剪辑层的出点,如图 6-2-33 所示。

图 6-2-33　剪辑层出入点

此外,还可以在时间线窗口或者合成窗口中直接拖动层的入点或出点标识对层进行剪辑。

6)层的分裂

层的分裂是为了编辑某些效果的需要,使得层可以在指定的时间位置上一分为二,产生两个独立的层,而这两个独立的层依然会保留之前所做的属性设置操作。分裂层的方法如下:

在时间线窗口中选择需要分裂的层将时间线移动到需要分裂层的时间位置上,使用快捷键【Ctrl+Shift+D】或选择【编辑-拆分图层】命令完成分裂。层分裂后如图 6-2-34 所示。

图 6-2-34　拆分图层

7)层的嵌套

在 AE 中,一个项目里面可以有很多合成图像,而合成图像里面又可以有很多层,AE 中可以将合成图像作为一个层导入到窗口中,这就是层的嵌套。当合成图像作为一个层添加到另一个合成图像里面以后,对这个合成图像所做的一切效果都将会影响到另一个合成图像。

举例:在 Comp1 中创建了字体特效,如图 6-2-35 所示;然后将 Comp1 作为层放置在 Comp2 中,如图 6-2-36 所示;在 Comp1 中旋转字体,那么 Comp2 中的 Comp1 层的字体也会作相应的旋转,如图 6-2-37 所示。

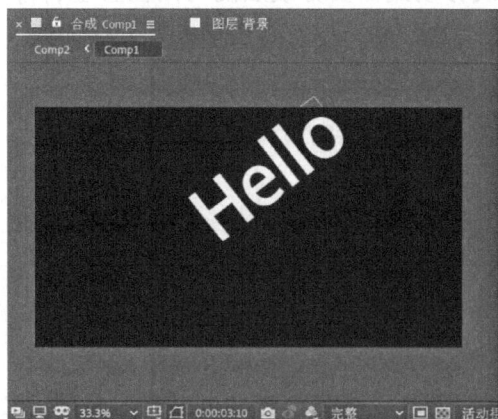

图 6-2-35　字体特效

图 6-2-36　嵌套效果

图 6-2-37　旋转效果

8) 设置层的持续时间

用户可以在层窗口中对层的持续时间进行修改,对于静态图像层来说,设置其持续时间相当于设置其播放时间的长度;但对于动态影像层来说,设置其持续时间则相当于设置其播放的速度。用户可以通过下面的方法修改层的持续时间。

在时间线窗口中选择需要操作的层,选择【图层-时间-时间伸缩】命令,此时弹出【时间伸缩】对话框,该对话框中的主要设置项如下。

(1)拉伸因数:该文本框用于设置修改后素材的持续时间与原持续时间的百分比。

拉伸因数设置项上面的素材的原持续时间。对于动态影像来说,若拉伸因数的数值等于100%,则以正常速度播放;若数值小于100%,则会快速播放;若数值大于100%,则会慢速播放。

(2)新持续时间:该文本框用于显示修改后素材的持续时间长度,或者是用户设置的期望时间长度。

(3)图层进入点:选择该单选按钮后,则以层的入点位置为基准来改变素材的持续时间,此时入点不变,但出点的位置发生改变。

(4)当前帧:选择该单选按钮后,以当前时间线所在的位置为基准,改变素材的持续时间,入点和出点的位置均发生改变。

(5)图层输出点:选择该单选按钮后,则以层的出点位置为基准来改变素材的持续时间,此时出点不变,但入点的位置发生改变。

9)层的对齐和分布

当合成图像中存在多个层时,对层的管理会令人头痛,而且经常会发生错选或多选的情况。AE为用户提供了层的对齐和分布面板,利用该面板,用户可以方便地在合成窗口中对层进行对齐和分布。对齐和分布层的操作如下:

在时间线窗口中选择需要对齐或分布的层,选择【窗口-对齐】命令,在弹出的对齐和分布面板中单击要进行对齐或分布的方式选项,如图6-2-38所示。

该面板中主要设置项的作用如下。

(1)对齐图层:该设置项用于对齐各层在合成图像中的位置,进行层的对齐时必须选择至少两个层,其对齐方式包括水平左对齐、水平居中对齐、水平右对齐、垂直顶端对齐、垂直居中对齐和垂直底端对齐。

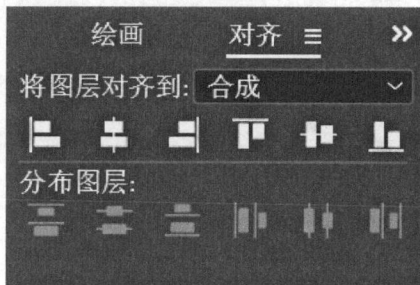

图6-2-38　对齐设置

(2)分布图层:该设置项用于调整各层在合成图像中的位置分布,进行层的分布时必须选择至少三个层,其分布方式包括垂直顶端分布、垂直居中分布、垂直底端分布、水平左分布、水平居中分布和水平右分布。

10)层的自动排序

利用自动排序功能,可以很方便地对层进行剪辑。自动排序功能可以以所选层的第一层为基准,自动对所选择的层进行衔接排序。对层进行自动排序的方法如下:

在时间线窗口中选择需要自动排序的层,选择【动画-关键帧辅助-序列图层】,此时弹出

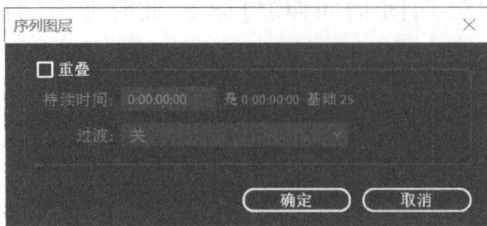

图 6-2-39　序列图层

【序列图层】对话框,如图 6-2-39 所示。

序列图层对话框中的主要设置项如下。

(1)重叠:该复选框表示重叠之意。当不选择该复选框时,层与层之间将以后尾相接的方式排序;若选择了该复选框,则层与层之间以互相重叠的方式排序。

(2)持续时间:该文本框用于设定层与层之间的重叠时间。

(3)过渡:该下拉列表框在【重叠】复选框被选中时才会激活,用于设置层与层之间淡入、淡出的转场过渡效果。选择【溶解前景图层】选项后的效果如图 6-2-40 所示,如果选择的层没有 Alpha 通道或遮罩,可以使用该选项设置。选择【交叉溶解前景与背景图层】选项后的效果如图 6-2-41 所示,如果选择的层有 Alpha 通道或遮罩,可以使用该选项设置。

图 6-2-40　溶解前景图层效果

图 6-2-41　交叉溶解前景与背景图层效果

11)设定标记

用户可以通过为合成图像或对素材层设置标记来进行精确的定位,AE 的合成图像最多可以标识 11 个标记,分别为 0~10。

(1)为合成图像加入标记的方法有以下两种:

①单击时间线窗口右侧的【　　】按钮,并将其拖动到要加入标记的位置,然后松开鼠标左键,时间线窗口就会出现一个带有数字的标记。

②将时间线移动到需要加入标记的位置,按住【Shift】键的同时按下键盘上的数字【8】键,此时时间标杆上会出现一个带有该数字的标记。

设置标记后的效果如图 6-2-42 所示。

(2)为层设置标记的方法如下所示:

①在时间线窗口中选中要加入标记的层,然后将时间线移到要加入标记的位置,选择

【图层-标记】命令,此时时间线窗口会出现一个标记,如图 6-2-43 所示。

图 6-2-42　设置标记效果

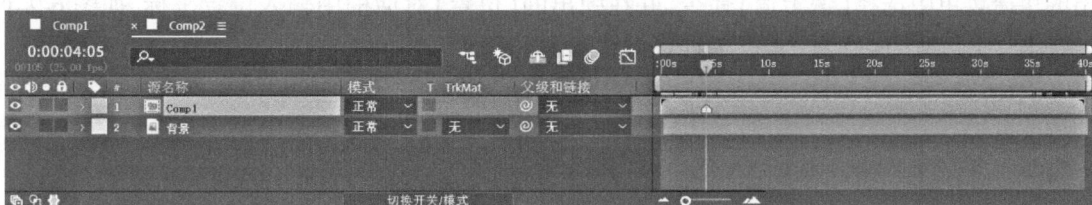

图 6-2-43　时间线窗口标记

②双击【▲】标识,弹出【图层标记】对话框,如图 6-2-44 所示。如果要设置层的标记,则可以在【注释】文本框中输入标识名字。

6.2.5　层的基本属性设置

合成图像的所有层都会有变换属性,单击变换属性前面的三角标记,待三角标记展开后即可看到该属性的附属设置项,如图 6-2-45 所示。设置项包括了层的锚点、位置、缩放、旋转和不透明度设置。

图 6-2-44　图层标记

1)位置的设置

位置的设置指的是层素材在合成图像中所在的位置。AE 可以通过关键帧对层素材的

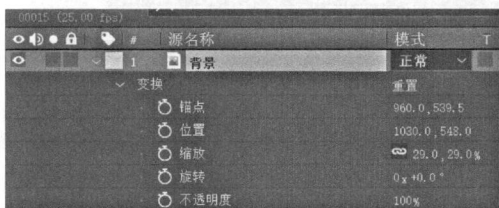

图 6-2-45　基本属性

位置创建动画,当层素材的位置应用了动画以后,其移动的状态将会在合成窗口中以路径的形式表示。对层素材位置的操作有以下两方面。

(1)通过位置面板改变层的位置。

方法一:在时间线窗口中选择需要改变位置的层,接着按下【P】键打开该层的位置设置面板,如图 6-2-46 所示,后通过鼠标对参数值的左右拖动来改变层素材的 X 坐标位置和 Y 坐标位置。

方法二:选择需要改变位置的层并打开其位置设置面板,通过鼠标对位置参数值的单击,使得参数值处于可编辑状态(图 6-2-47),从而修改位置坐标的值。

图 6-2-46　改变位置

图 6-2-47　编辑参数值

方法三:选择需要改变位置的层并打开其位置设置面板,使用鼠标右击位置参数值,在弹出的快捷菜单中选择【编辑值】命令,并在弹出的【位置】对话框中输入位置坐标,如图 6-2-48 所示。

图 6-2-48　设置位置坐标

方法四:还可以通过鼠标的拖动在合成窗口中将层素材移动到目标位置,实现层素材位置的更改。层素材位置更改的前后对比如图 6-2-49 所示。

图 6-2-49　移动层素材

(2)通过对关键帧的操作修改层素材的运动路径。

①修改关键帧位置。

用户通过移动运动路径上的关键帧就可以改变层在合成窗口中的位置。操作方法如下:

在时间线窗口中选择需要修改的层,此时层的运动路径显示在合成窗口中,如图 6-2-50 所示。接着在该运动路径上选中需要修改的关键帧,然后按住鼠标左键将关键帧拖动到目标位置上。

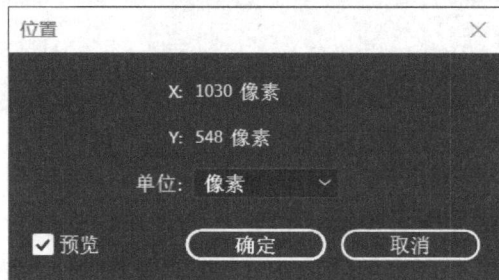

②插入关键帧。

当需要调整层运动路径时,用户可以为运动路径添加关键帧,操作方法如下:

在时间线窗口中选择需要插入关键帧的层,接着在工具栏中选择钢笔工具,然后在合成窗口中运动路径需要的位置上单击鼠标左键插入关键帧,如图 6-2-51 所示。

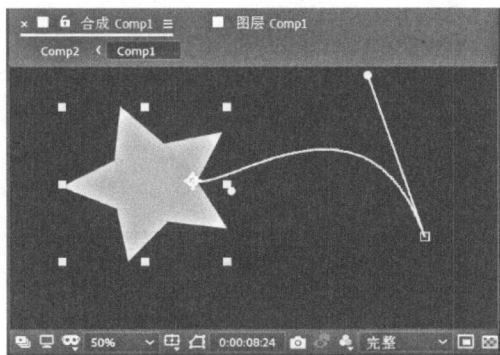

图 6-2-50　修改关键帧

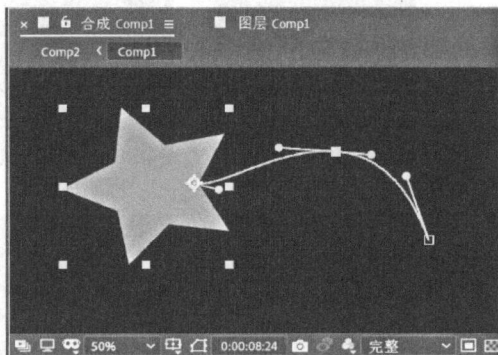

图 6-2-51　插入关键帧

③移动整个关键帧路径。

在时间线窗口中选择运动路径上的所有关键帧,如图 6-2-52 所示,然后在合成窗口中使用选择工具拖动整个路径上的某一个关键帧,就可以使得整个路径一起移动。

图 6-2-52　移动关键帧

2）缩放的设置

缩放设置是指以锚点为基准,对层素材进行缩放操作,从而改变对象的大小。缩放设置项的前一个参数用于控制层的宽度比例,后一个参数用于控制层的高度比例,如图 6-2-53 所示。缩放的两个参数前有一个标记,当这个标记被激活时,说明层素材的宽和高是按照其原来的纵横比进行缩放的,一个参数发生改变,

图 6-2-53　缩放

另外一个参数也会随之改变;当这个标记没有被激活时,说明层素材的宽和高将不会按照其原来的纵横比进行缩放,两个参数可以单独进行修改,互不影响。

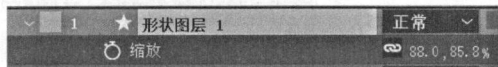

不同参数控制的缩放效果比较如图 6-2-54 所示,分别为缩放宽高同时缩放至 50%［图 6-2-54a)］、宽高同时缩放至 80%［图 6-2-54b)］、仅宽度缩放至 50%［图 6-2-54c)］、仅高度缩放至 50%［图 6-2-54d)］。

改变层素材缩放比例的操作有以下两种方式。

（1）通过层边框上的控制点更改。

在时间线窗口中选择需要进行缩放的层,此时层素材的边框上会出现 8 个控制点,如图 6-2-55 所示,使用鼠标拖动这 8 个控制点就可以改变层素材的尺寸。

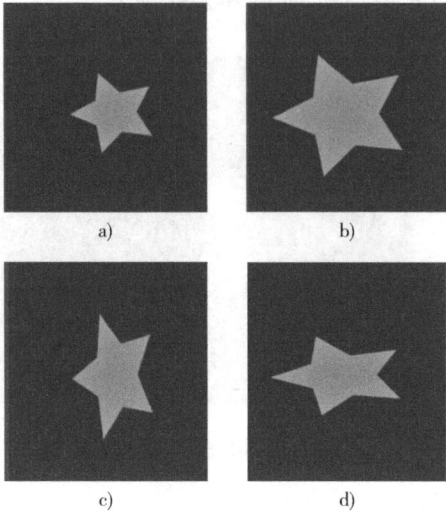

图 6-2-54　缩放效果图

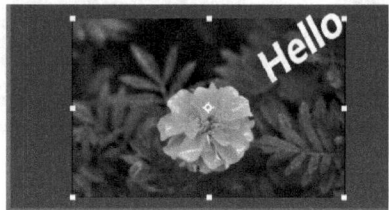

图 6-2-55　控制点

（2）通过 Scale 属性面板更改。

方法一:在时间线窗口中选择需要进行缩放的层,接着按下【S】键打开该层的缩放设置面板,然后通过鼠标对参数值的左右拖动来改变层素材的宽高比例。

方法二:选择需要进行缩放的层并打开其缩放设置面板,通过鼠标对缩放参数值的单击,使得参数值处于可编辑状态,如图 6-2-56 所示,从而修改缩放的比例。

图 6-2-56　设置缩放参数值

方法三:选择需要进行缩放的层并打开其缩放设置面板,使用鼠标右击缩放参数值,在弹出的快捷菜单中选择【编辑值】命令,并在弹出的【缩放】对话框中输入缩放的比例,如图 6-2-57 所示。

3）旋转的设置

旋转设置项是指以锚点为基准,对层素材进行旋转操作。旋转设置项有两个参数,如图 6-2-58 所示。前一个参数用于控制层素材旋转的圈数,当层素材旋转的角度超过 360°时,该参数才有意义,且该参数主要在制作关键帧动画时使用。后一个参数用于控制层素材旋

130

转的角度,当角度为正数时,层素材将以顺时针方向旋转;当角度为负数时,层素材将以逆时针方向旋转。

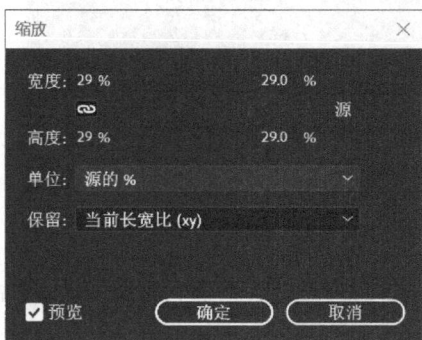

图 6-2-57　设置缩放比例

图 6-2-58　旋转设置参数

不同的数值控制的不同旋转方向比较如图 6-2-59 所示,分别是旋转角度为 0°[图 6-2-59a)]、旋转角度为+50°[图 6-2-59b)]、旋转角度为−50°[图 6-2-59c)]。

a)　　　　　　　　　　　b)　　　　　　　　　　　c)

图 6-2-59　旋转效果图

设置层素材旋转的操作有以下两种方式。

(1)使用旋转工具设置。

在时间线窗口中选择需要进行旋转的层,接着在工具栏中选择旋转工具,然后通过鼠标的左右拖动即可调整层素材的旋转角度。

(2)通过旋转属性面板设置。

方法一:在时间线窗口中选择需要进行旋转的层,接着按下【R】键打开该层的旋转设置面板,然后通过鼠标对参数值的左右拖动来改变层素材的旋转角度。

方法二:选择需要进行旋转的层并打开其旋转设置面板,通过鼠标对旋转参数值的单击,使得参数值处于可编辑状态,如图 6-2-60 所示,从而修改旋转的角度。

方法三:选择需要进行旋转的层并打开其旋转设置面板,使用鼠标右击旋转参数值,在弹出的快捷菜单中选择【编辑值】命令,并在弹出的【旋转】对话框中输入旋转的角度,如图 6-2-61所示。

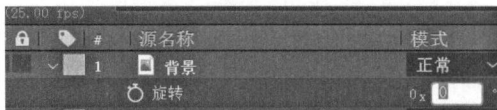

图 6-2-60　设置旋转参数值　　　　　图 6-2-61　设置旋转角度

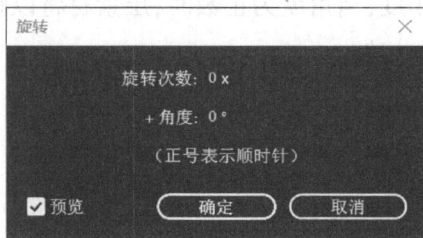

4）不透明度的设置

在默认情况下，除了遮罩以外，其他部分都是完全不透明的。但是通过不透明度就可以设置对象的不透明度，从而制作出透露底层图像的效果。不透明度设置项的参数值是个百分数，取值范围为 0%~100%，当数值为 100% 时，层素材为不透明；当数值为 0% 时，层素材为完全透明。也就是说，不透明度的数值越小，层素材的透明度就越高，透露出来的底层图像就越清晰。设置层素材不透明度的操作方法如下：

方法一：在时间线窗口中选择需要设置不透明度的层，接着按【T】键打开该层的不透明度设置面板，如图 6-2-62 所示，后通过鼠标对参数值的左右拖动来改变层素材的不透明度。

方法二：选择需要设置不透明度的层并打开其不透明度设置面板，通过鼠标对不透明度参数值的单击，使得参数值处于可编辑状态，如图 6-2-63 所示，从而修改不透明度值。

图 6-2-62　不透明度　　　　　　　　图 6-2-63　设置不透明度参数

方法三：选择需要设置不透明度的层并打开其不透明度设置面板，使用鼠标右击不透明度参数值，在弹出的快捷菜单中选择【编辑值】命令，并在弹出的【不透明度】对话框中输入不透明度的值，如图 6-2-64 所示。

层素材不透明度设置的前后对比如图 6-2-65 所示。

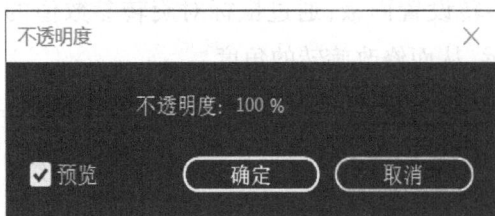

5）锚点的设置

锚点在 AE 中可以理解为层素材默认的中心点，它是层素材进行旋转和缩放等设置的坐标中心。在默认的情况下，更改锚点的坐标，就相当于更改层素材的位置。改变层素材锚点的操作有以下两种方式。

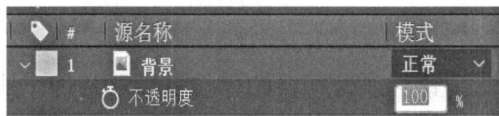

图 6-2-64　设置不透明度数值

图 6-2-65　不透明度变化效果图

（1）使用锚点工具更改。

在工具栏中选择锚点工具【 ▦ 】，然后在合成窗口或图层窗口中按住鼠标左键将需要更改坐标的锚点拖动到目标位置即可。

（2）通过锚点属性面板更改。

方法一：在时间线窗口中选择需要改变锚点的层，接着按下快捷键【A】打开该层的锚点设置面板，如图 6-2-66 所示，然后通过鼠标对参数值的左右拖动来改变锚点的 X 坐标位置和 Y 坐标位置。

方法二：选择需要改变锚点的层并打开其锚点设置面板，通过鼠标对锚点参数值的单击，使得参数值处于可编辑状态，如图 6-2-67 所示，从而修改锚点坐标的值。

图 6-2-66　锚点

图 6-2-67　设置锚点参数

方法三：选择需要改变锚点的层并打开其锚点设置面板，使用鼠标右击锚点参数值，在弹出的快捷菜单中选择【编辑值】命令，并在弹出的【锚点】对话框中输入锚点的坐标，如图 6-2-68所示。

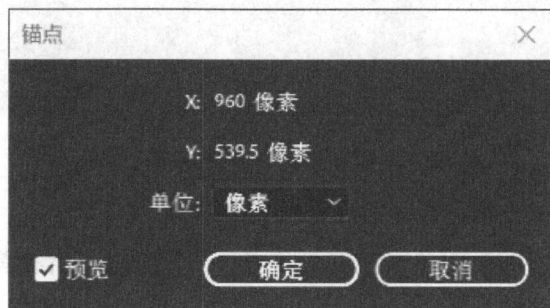

图 6-2-68　锚点数值输入

层素材锚点位置更改的前后对比如图 6-2-69所示。

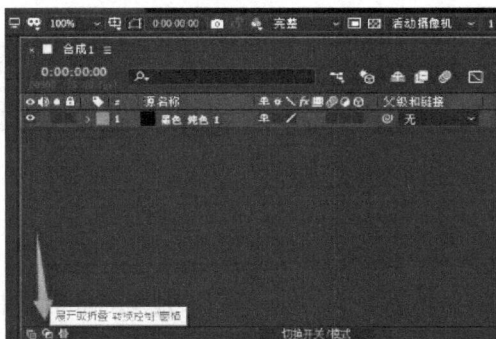

图 6-2-69　锚点变化效果图

6.2.6　层的模式

AE 提供了极其强大的图像混合方式,通过这样一种层混合模式,用户便可以控制上层与下层图像的融合效果。

层模式的工作原理是利用色彩之间的各种算法,如加色、减色、相乘合成模式等,使图像产生出乎想象的色彩混合效果。当用户使用了层模式后,使用了层模式的层与其下层的通道就会发生相应的变化。

层模式的使用方法如下:

(1)单击时间线窗口最下面的【　】按钮,将层模式面板打开,如图 6-2-70 所示。

图 6-2-70　层模式

(2)在时间线窗口中选择需要设置混合模式的层。

(3)在层模式【正常】面板中单击按钮后面的下拉三角标记,在弹出的菜单中选择合适的层模式。

此外,选择【图层-混合模式】中的一种层模式命令也可以设置层模式。

应用了【叠加】层模式前后的效果对比如图 6-2-71 所示。

a)应用前　　　　　　　　　　b)应用后

图 6-2-71　叠加效果

6.2.7　轨道层蒙版

在 AE 中,有一个类似于 Ps 蒙版效果的功能,可以把一个层上方的层的图像或影片作为透明的层蒙版使用,这个就是在合成影片的时候经常会用到的轨道蒙版功能,即轨道层蒙版,也叫轨道遮罩。

用户可以使用任何素材片段或静止图像作为轨道层蒙版。每一个层都可以将其上方的层作为透明的轨道层蒙版,而该层本身则作为被显示的背景层。被当作轨道层蒙版的层会被系统自动隐藏,且在蒙版层和背景层之间增加点状直线作为边界,并通过轨道层蒙版的Alpha 通道将背景层显示出来。图 6-2-72 所示分别是背景层应用轨道层蒙版前后的效果,且上层素材含有 Alpha 通道。

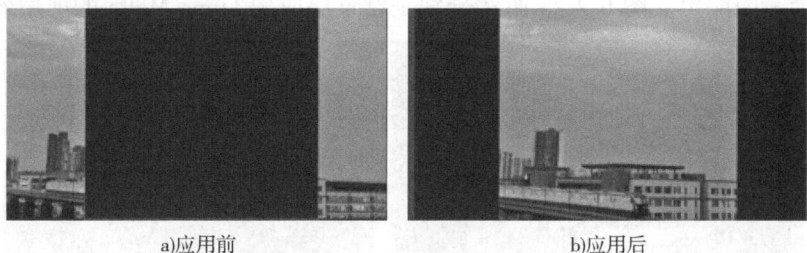

a)应用前　　　　　　　　　　b)应用后

图 6-2-72　轨道层蒙版效果

如果给层做过动画以后再添加轨道蒙版,那么轨道层蒙版就会随着动画一起作用在其上方的层上。

轨道层蒙版的面板如图 6-2-73 所示。

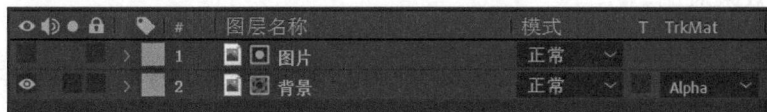

图 6-2-73　轨道层蒙版面板

用户可以通过 Alpha 通道或像素的亮度值定义轨道层蒙版层的透明度。当轨道层蒙版没有 Alpha 通道时,可以使用亮度值来设置透明度。

轨道蒙版面板位于时间线窗口上,用户可以在背景层的轨道蒙版面板中单击【无】按钮后面的下拉三角标记,在弹出的菜单中选择合适的蒙版类型。各种蒙版类型的含义如下。

（1）没有轨道遮罩：表示不使用轨道层蒙版，不产生透明度变化，各层均为普通层。

（2）Alpha 遮罩：表示使用 Alpha 通道蒙版，使用该功能的时候必须使用含有 Alpha 通道的素材。轨道蒙版是通过 Alpha 通道来实现蒙版效果的，白色区域（通道的像素值为 100%）代表不透明部分，黑色区域代表透明部分。

（3）Alpha 反转遮罩：表示使用 Alpha 通道反向蒙版，通道反向蒙版的不透明区域（通道的像素值为 0%）和通道蒙版的不透明区域是相反的。图 6-2-74 所示分别是背景层应用了 Alpha 遮罩和 Alpha 反转遮罩的效果对比。

a)Alpha遮罩　　　　　　　　　　b)Alpha反转遮罩

图 6-2-74　Alpha 遮罩和 Alpha 反转遮罩的效果对比

（4）亮度遮罩：表示使用亮度蒙版，该蒙版的作用可以随着 Alpha 通道的亮度而改变，如果白色区域像素的亮度值为 100%，蒙版显示的区域亮度不会发生变化；当白色区域像素的亮度值降至 50%时，蒙版显示的区域亮度也会降至 50%；如果白色区域被黑色区域所代替，那么蒙版将会一团漆黑。图 6-2-75 所示分别是背景层应用 Luma Matte 的前后效果。

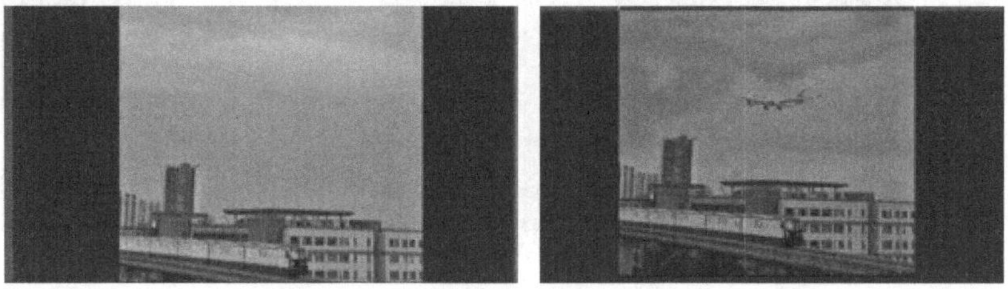

a)应用前　　　　　　　　　　　b)应用后

图 6-2-75　Luma Matte 效果

（5）亮度反转遮罩：表示使用亮度反向蒙版，该蒙版和亮度遮罩属性是一样的，只不过亮度反向蒙版和亮度蒙版的效果是相反的。图 6-2-76 所示分别是背景层应用了亮度遮罩和亮度反转遮罩的效果对比。

a)亮度遮罩　　　　　　　　　　b)亮度反转遮罩

图 6-2-76　亮度遮罩和亮度反转遮罩的效果对比

6.3　关键帧的设置

6.3.1　关键帧的概述

关键帧一般用于标识一个动作或一种状态的开始与结束。在 AE 中,关键帧标识着某种属性在不同时刻的状态,关键帧之间的状态变化过程将由 AE 自动完成,因为在关键帧生成后,计算机会自动生成中间的过渡帧,从而形成关键帧动画,AE 的动画方式就是关键帧动画。

AE 在通常状态下可以对层的变换、遮罩和效果等属性进行设置。用户若需要对层的这些属性创建动画,则需要单击层及属性前面的三角标记【　】,打开【记录关键帧】面板设置关键帧,如图 6-3-1 所示。

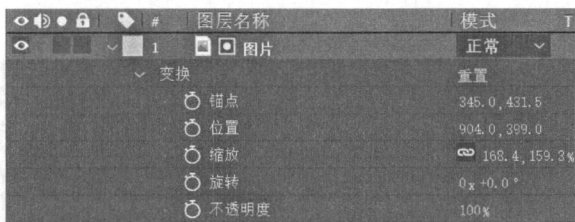

图 6-3-1　设置关键帧

要设置关键帧,必须首先激活关键帧的计时器按钮【　】。激活了计时器后,图标显示为　状态,此时用户对层所做的操作,包括在不同的时间位置改变各种属性的参数,都会自动记录关键帧(图 6-3-2),从而形成参数变换的动画。如果取消激活计时器,对层属性建立的所有关键帧都会被清除,也就是说对层所做的操作或修改都会被删除。

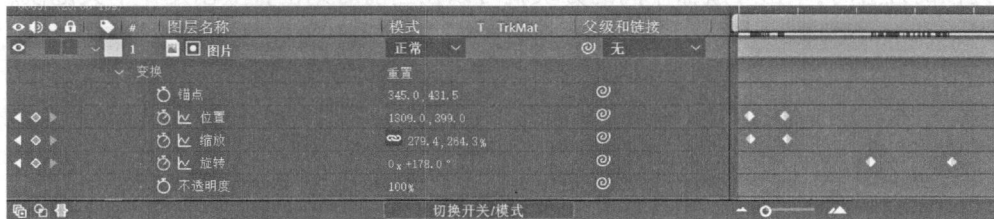

图 6-3-2　记录关键帧

此外,在关键帧计时器未激活时,若更改了某种属性的参数,则该参数值将在层的整个持续时间内有效。

层的属性记录了关键帧后,关键帧会以图标或数字的方式在该层的工作区域中显示,图 6-3-3为关键帧的菱形方块图标显示方式,图 6-3-4 为关键帧的数字显示方式。当进行关键帧显示方式切换时,可以单击时间线窗口上合成名称后的三条杠,在弹出的菜单中选择

【使用关键帧图标】或【使用关键帧索引】命令,其中【使用关键帧图标】是指关键帧以菱形方块图标方式显示,【使用关键帧索引】是指关键帧以数字方式显示。

图 6-3-3　关键帧图标显示

图 6-3-4　关键帧数字显示

为了更方便地对关键帧进行编辑,用户可以使用关键帧导航器对层中属性设置了关键帧的地方进行导航,如图 6-3-5 所示,且只要该属性在持续时间内设有关键帧,就可以显示关键帧导航器。

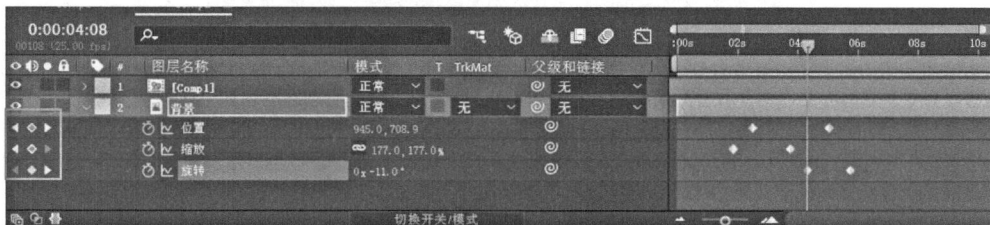

图 6-3-5　关键帧导航器

单击导航器中的箭头,可以快速搜寻该属性上的关键帧,如图 6-3-6 所示。当某一方向无箭头时,表示当前时刻位置该方向上已经没有关键帧,且导航器上中间的方块会有显示,此时单击导航器中间的方块就可以删除当前时刻位置的关键帧。当时间线处于该属性上没有关键帧的位置时,单击导航器中间的方块就可以在当前时刻位置上创建一个关键帧。

图 6-3-6　搜寻关键帧

6.3.2　关键帧的基本操作

1)关键帧的创建

通过对层的不同属性设置关键帧,就能产生动画效果。在创建关键帧时,需要把握时间与参数的先后顺序,具体操作步骤如下。

(1)选择需要创建关键帧的层,并且打开该层的属性或特效面板。

(2)将时间线拖动到要创建关键帧的时刻,并激活关键帧计时器。

(3)改变层的属性或者特效参数的值,若不需要修改则保持默认。

(4)将时间线拖动至另一个需要创建关键帧的时刻,修改属性参数。

此外,还可以通过单击关键帧导航器中间的方块为属性或特效设置添加关键帧。

2)关键帧的编辑

创建好关键帧以后,可以使用各种命令或操作来编辑关键帧。用户可以在合成窗口内编辑关键帧。如果设置的是效果动画,还可以在效果控件面板中编辑关键帧。

(1)关键帧的选择。

①选择单个关键帧:可以使用鼠标直接选择关键帧,也可以将时间线移至该关键帧,还可以通过关键帧导航器选择关键帧。

②选择多个关键帧:先按住【Shift】键,再选择需要的关键帧。

(2)关键帧的移动。

①移动单个关键帧:选中需要移动的关键帧,按住鼠标左键,将其拖动到目标位置后释放鼠标。

②移动多个关键帧:选中需要移动的多个关键帧,按住鼠标左键,将其拖动到目标位置后释放鼠标,关键帧的相对位置不变。

(3)复制关键帧。

选中需要复制的关键帧,按下快捷键【Ctrl+C】进行复制,然后将时间线滑块拖动到需要粘贴的时间位置,按下快捷键【Ctrl+V】粘贴即可。

此外,还可以使用【编辑-复制】和【编辑-粘贴】命令完成复制关键帧的操作。

(4)剪切关键帧。

选中需要剪切的关键帧,按下快捷键【Ctrl+X】进行剪切,然后将时间线滑块拖动到需要粘贴的时间位置,按下快捷键【Ctrl+V】粘贴即可。

此外,还可以使用【编辑-剪切】和【编辑-粘贴】命令完成剪切关键帧的操作。

(5)删除关键帧。

选中需要删除的关键帧,按下【Delete】键,或者使用【编辑-清除】命令删除关键帧。

3)修改关键帧

创建好关键帧以后,如果需要修改关键帧的参数值,可以使用下列方法。

(1)双击需要修改的关键帧,此时会弹出【位置】对话框(图6-3-7),该对话框中设置需要修改的参数值。不同属性的设置项是不相同的。

(2)将时间线移动至需要修改的关键帧上,在层属性的编辑栏中单击该关键帧对应的属性参数值,此时数值输入框变成可编辑状态(图6-3-8),用户可直接在数值框中输入新的数值,并在空白区域单击鼠标左键确定操作。

(3)将时间线移动至需要修改的关键帧上,在层属性的编辑栏中选择该关键帧对应的属性参数,按住鼠标左键并左右拖动此时数值会发生变化(图6-3-9),用户可在合成窗口中观察效果,如果效果满意即可释放鼠标确定操作。

(4)将时间线移动至需要修改的关键帧上,在层属性的编辑栏中右击该关键帧对应的属性参数值,此时弹出快捷菜单(图6-3-10),选择【编辑值】命令,在弹出的对话框中进行设置。

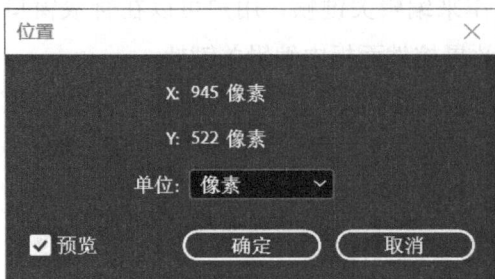

图6-3-7 修改关键帧参数

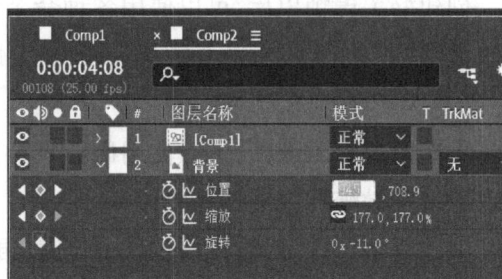

图6-3-8 输入关键帧数值

图6-3-9 改变关键帧数值

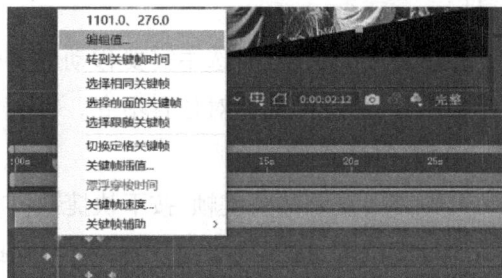

图6-3-10 设置关键帧参数

6.3.3 关键帧动画与快捷键

关键帧在很多视频制作软件中都是非常重要的功能,合理地利用快捷键可以做很多不错的动画效果,也会便捷很多。AE关键帧快捷键有【P】键(位置)、【S】键(缩放)、【R】键(旋转)、【T】键(不透明度)、【U】键(显示所有关键帧)。具体操作方法如下。

(1)打开AE软件,新建一个素材,比如添加一张图片。

(2)把素材拉到工作区当中,双击素材,然后点击素材中的箭头标志,如图6-3-11所示。

(3)点击之后,就能看到"变换"两个字,下面就是关键帧的设置,以不透明度来做案例,也可以按【T】键,其他像位置、缩放、旋转的设置可以根据自己的需求去选择,按相应的快捷键即可,如图6-3-12所示。

图 6-3-11　点击箭头标志

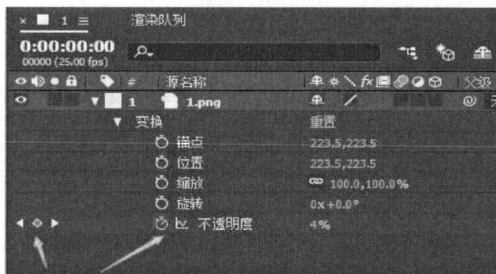

图 6-3-12　打开快捷键

（4）在第一帧把不透明度拉到 0，也就是黑屏的状态，如图 6-3-13 所示。

（5）再往后给设置一帧，把透明度调到 100，然后按空格键，运行素材，就能看到一个素材从黑色慢慢变亮的状态，如图 6-3-14 所示。

图 6-3-13　不透明度 0

图 6-3-14　不透明度 100

如果想要看到或修改给素材添加的所有关键帧，按键盘中的【U】键即可。

关键帧的使用尤为重要，它是利用 AE 创作动画的基础，初学者一定要熟悉关键帧的打开、关闭、移动等操作，不同关键帧之间的距离会对动画的运动速率产生影响，要实时观看并调节。

6.4　小　　结

AE 的合成方式是以层的概念为主，每个层都会有一个基本的属性，通过调整其中包含的位置、旋转、不透明度等可以对画面任何的元素进行修改。通过对关键帧和属性的修改能够简单制作一些动画为画面增添活力；同时，掌握快捷键能在镜头合成中节省时间、提升效率。

6.5　课后思考与练习

（1）操作 AE 时常用的快捷键有哪些？

（2）运用关键帧和图层属性制作一个简单的动画。

（3）层的 10 种类型分别是什么？

第7章

遮罩动画

知识点应用:遮罩为影视后期制作中常用技术手段。遮罩可以用来控制图像的透明度范围和建立遮挡关系,可以使得多层图像自然融合,因而在抠像、场景合成中被广泛使用。同时,遮罩动画可以创作出线条和文字生长动画,使其作为动态元素在电视动画中丰富画面的构图和表现形式。初学者应熟练掌握遮罩的基本属性的动画设置以及快捷键应用,以创建精彩的遮罩动画。

学习重点:

- 钢笔工具的使用与绘制。
- 遮罩的属性:形状、羽化、扩展、突破、透明度。
- 生长动画的制作方法。
- 路径动画的制作方法。

7.1 遮罩属性与动画

7.1.1 认识遮罩

在影视后期图像合成的过程中,经常需要把不同的图形或图像合成到一个场景中,所以经常要对素材进行背景去除的操作。某些图像的透明信息是以 Alpha 通道的形式记录的,去除背景的时候利用 Alpha 通道使得背景透明,如 Taga 动画序列,AE 软件可以直接识别。但某些图形或图像不含 Alpha 通道,对这些不含 Alpha 通道的图像进行去除背景操作,需要通过遮罩来创建透明区域。

AE 中遮罩被创建出来后,遮罩的内部是一个不透明的区域,因此该区域显示的是遮罩所在层的素材内容。遮罩外部是一个透明的区域,其显示为黑色或显示下层素材的内容。素材应用遮罩前后的效果对比如图 7-1-1、图 7-1-2 所示。

图 7-1-1　素材应用遮罩前

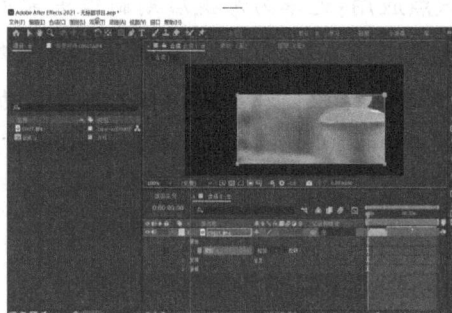

图 7-1-2　素材应用遮罩后

遮罩在后期合成时的作用是显示或隐藏层素材的任意一部分。遮罩可以是一个封闭图形,也可以是一个开放路径。遮罩是由线段和控制点构成的,线段是连接两个控制点的直线或曲线,而控制点又关系到每条线段的开始点和结束点。图 7-1-3、图 7-1-4 所示分别为封闭区域型遮罩和开放路径。

图 7-1-3　封闭区域型遮罩
（源自美国动画片《猫和老鼠》）

图 7-1-4　开放路径
（源自美国动画片《猫和老鼠》）

7.1.2 遮罩的绘制

常用创建遮罩的方法有两种,分别是使用工具栏的形状工具和钢笔工具。形状工具栏里有五个常用遮罩形状:直角矩形遮罩(Rectangle Tool)、圆角矩形遮罩(Rounded Rectangle Tool)、椭圆遮罩(Ellipse Tool)、多边形遮罩(Polygon Tool)、星形遮罩(Star Tool)。

1)技巧

创建遮罩时,如果先按住【Shift】键,再拖动鼠标绘制椭圆遮罩,可以产生一个圆形遮罩;如果在绘制椭圆的同时按下【Ctrl】键,可以产生一个以开始位置为中心的椭圆。

2)钢笔工具创建遮罩

形状工具主要用于绘制规则的几何形状遮罩,若要绘制不规则形状遮罩,则需要使用钢笔工具,钢笔绘制出来的遮罩类型属于贝塞尔曲线型,钢笔工具的曲线使用与 Ps 软件的钢笔工具相同。

7.1.3 遮罩的属性

当素材添加了遮罩以后,便具备了以下基本属性:

(1)遮罩的路径/形状(Mask Path)。

(2)边缘羽化度(Mask Feather)。

(3)不透明度(Mask Opacity)。

(4)扩大/收缩(Mask Expansion)。

(5)反转遮罩(Inverted),反转遮罩作用是对遮罩的选取范围进行反向选择。

遮罩属性的快捷键为键盘的【M】键。

7.1.4 眨眼动画

1)学习思路

学会利用形状工具绘制遮罩,利用 AE 中【遮罩】效果的遮罩扩展属性、运动属性,制作眨眼的动画,效果如图 7-1-5 所示。

图 7-1-5 眨眼动画效果

2)操作步骤

(1)新建项目。运行软件,新建项目取名为【实例 1-遮罩属性与动画】。

（2）编辑制作。利用 Adobe After Effects 2020 中的功能进行眨眼动画的制作。

①先利用【椭圆工具】分别画出一个"白色椭圆"和一个"黑色正圆"，并将两个图层按【Ctrl+shift+C】进行预合成（图 7-1-6）。

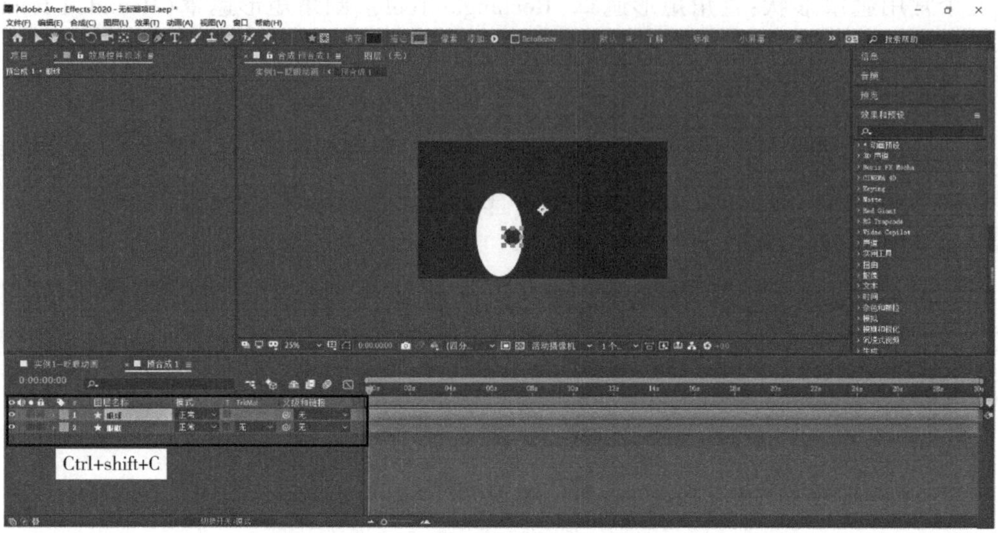

图 7-1-6　画出"白色椭圆"及"黑色正圆"

②点击【钢笔工具】，并利用【钢笔工具】在大的"白色椭圆"外形成一个环形的闭合蒙版，并保证环形闭合相对对称（图 7-1-7）。

图 7-1-7　制作对称的闭合蒙版

③打开预合成中的【蒙版扩展】属性，并为其打上关键帧。在第 0 帧时【扩展参数】为"0 像素"；在第 3 帧时【扩展参数】为"-318 像素"；在第 6 帧时【扩展参数】为"0 像素"。

将这三个关键帧按快捷键【F9】打上缓动效果,按快捷键【Ctrl+C】将这三个关键帧进行复制,并在下一个合适的时间内按快捷键【Ctrl+V】进行粘贴,就得到一个不停眨眼的单眼动画(图7-1-8)。

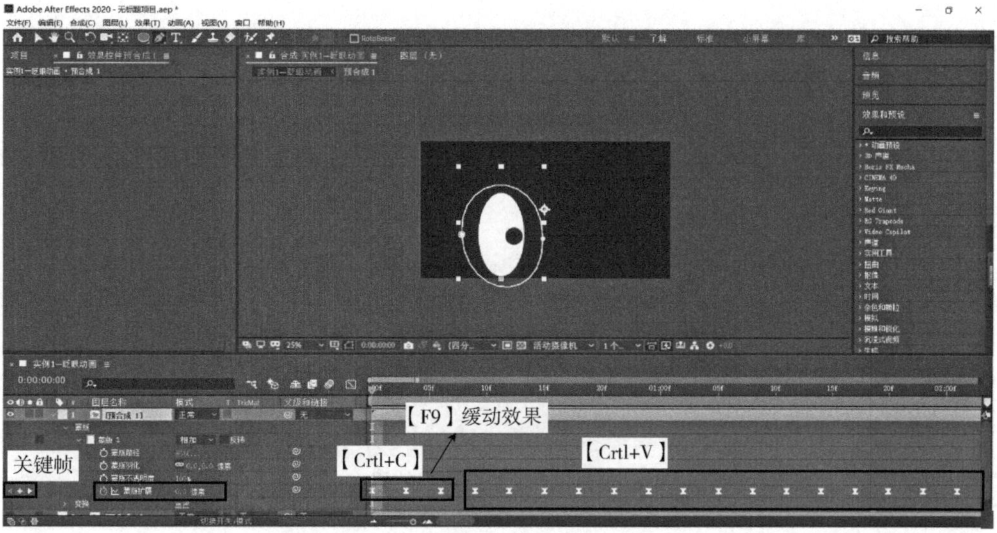

图7-1-8 眼睛的眨眼关键帧设置

④将原有的预合成按快捷键【Ctrl+D】复制一次,得到一个新的复制的图层,改变复制出来的图层的水平位置,就得到一双眼睛的眨眼动画(图7-1-9)。

图7-1-9 复制眼睛图层

(3)保存文件。完成各项设置之后,按空格键进行预览,没有问题后可将文件输出为视频文件,就完成了本操作实例。

7.2　遮罩生长动画

7.2.1　创作思路

利用 Adobe After Effects 2020 中的【遮罩效果】中的位置动画来制作出生长动画的效果，效果如图 7-2-1 所示。

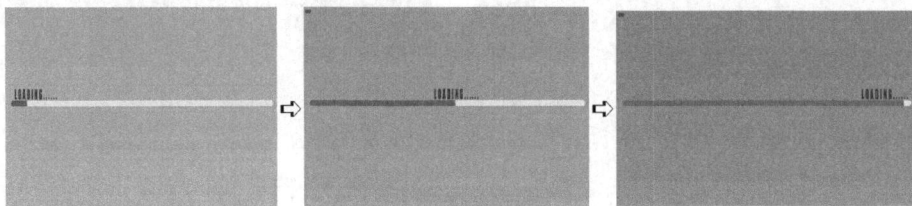

图 7-2-1　生长动画效果

7.2.2　知识要点

掌握利用 Adobe After Effects 2020 中的【遮罩效果】，并利用其【位置属性】来制作动画。

7.2.3　操作步骤

（1）新建项目。根据如图 7-2-2 所示参数建立一个合成，并将其取名为【实例 2-遮罩的生长动画】。

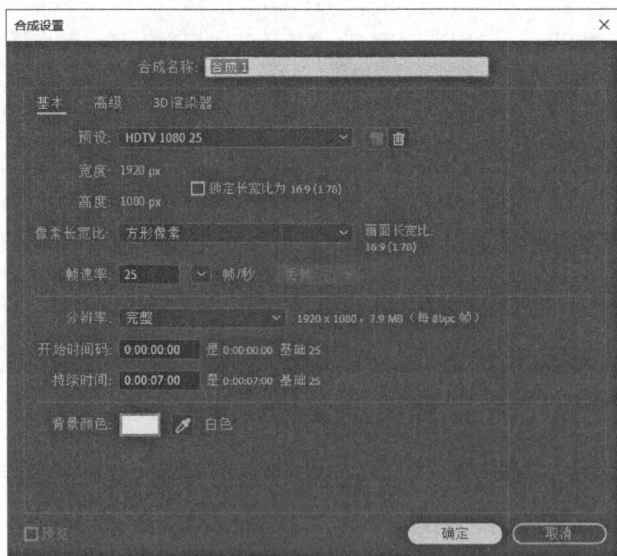

图 7-2-2　新建合成

（2）编辑制作。利用 After Effects 2020 中的【遮罩】效果来设计制作脑海中的动画，如下图组所示操作：

①新建一个颜色为"白色"的【固态层】，再利用【圆角矩形工具】选中"固态层"并在固态层上添加一层"蒙版"，并为其添加【反转】效果（图7-2-3）。

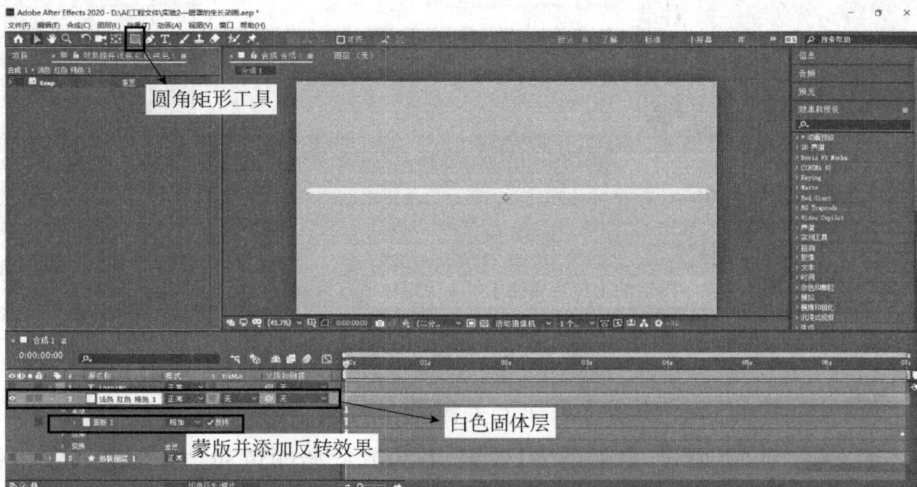

图7-2-3　新建蒙版并添加反转效果

②利用【钢笔工具】创建一个新的"形状图层"，并且该"形状图层"能够将"固态层"上的"蒙版"完全覆盖。再将该"形状图层"拖动到"固态层"的下一层，为"形状图层"的【位置属性】打上关键帧形成填充进度条的效果（图7-2-4）。

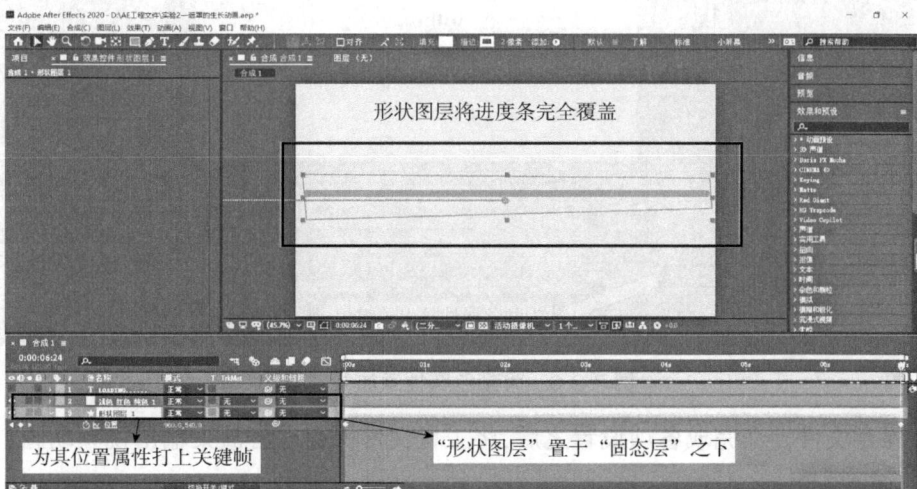

图7-2-4　新建形状图层

③利用【文字排版工具】创建一个"文字图层"，将"文字图层"放在"填充线条"的上方。为"文字图层"的【位置属性】打上关键帧，使得"文字图层"能够跟随进度条一起运动（图7-2-5）。

149

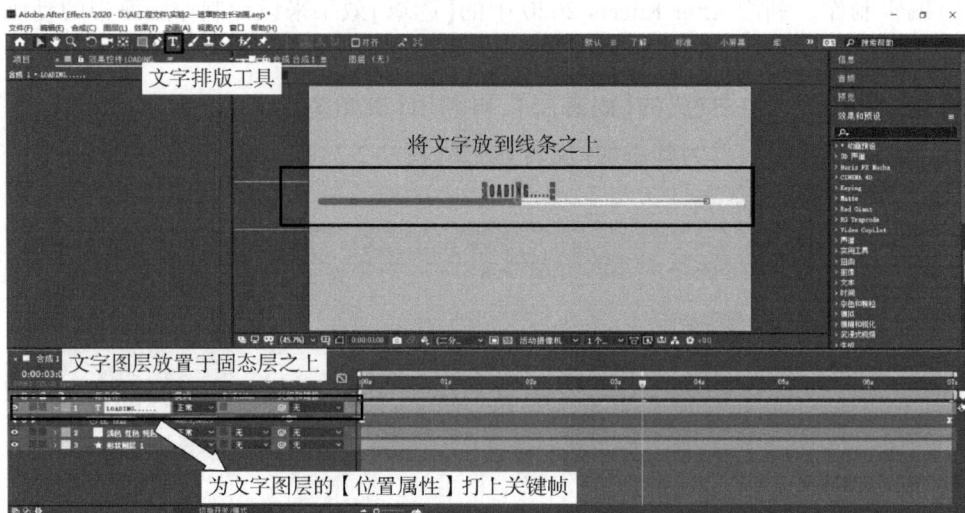

图 7-2-5 创建文字图层

④为"形状图层"的【颜色效果】添加上关键帧,使其在视频开头为红色,在视频结尾为绿色。为"固态层"添加【着色-夕阳余晖】效果,并为其起始颜色和结束颜色打上关键帧,调整合适的颜色,让背景颜色也能够随时间一起变化(图 7-2-6)。

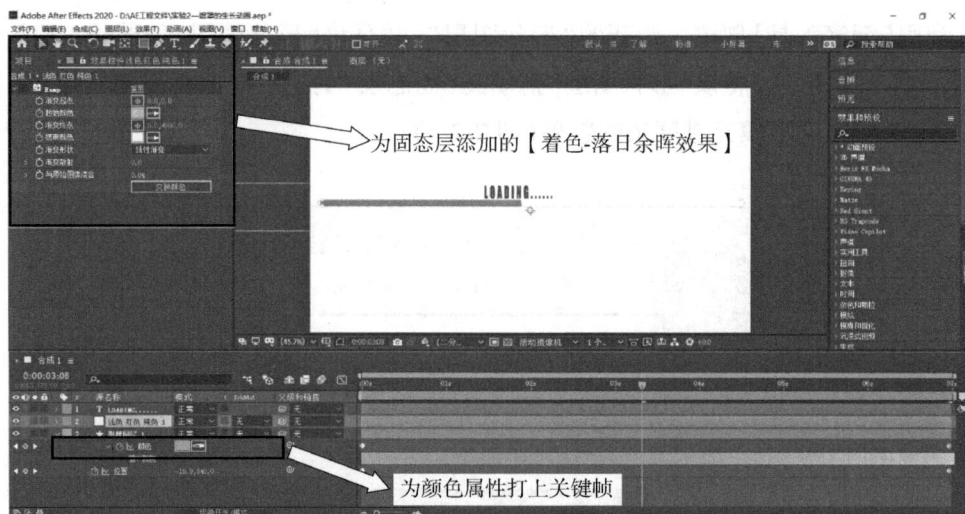

图 7-2-6 为颜色属性添加关键帧

(3)保存文件。在完成各项设置之后,将工程文件保存或者渲染输出视频动画。

7.2.4 案例练习

将 7.2 中所讲的案例练习几次,直到能够熟练地掌握其中所使用的工具,知道各工具的作用效果。对【遮罩】效果的位置属性能够熟练运用,最终达到举一反三的效果。

7.3 遮罩的路径动画

7.3.1 学习思路

利用 Adobe After Effects 2020 中的【钢笔工具】为遮罩绘制路径,再添加 3D stroke 插件,最后制作出来类似心电图运动的动画效果(图 7-3-1)。要求对 3D stroke 插件效果的属性和动画参数进行调整。

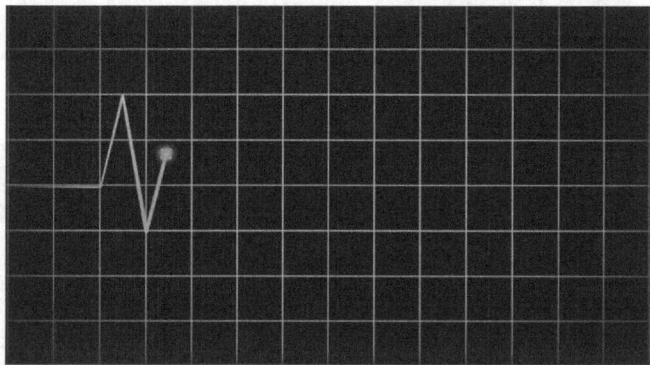

图 7-3-1 类似心电图的动画效果图

7.3.2 操作步骤

(1)新建项目。新建一个项目合成,将其取名为【实例 3-遮罩的路径动画】。

(2)编辑制作。利用 Adobe After Effects 2020 中的【遮罩路径】以及 3D stroke 等效果进行编辑。

①新建一个黑色"固态层",在"固态层"上添加【网格】效果,并对【网格】效果中的参数进行适当的调整(图 7-3-2)。

②新建一个黑色"固态层",并利用【椭圆工具】在固态层上添加一个椭圆蒙版,并设置为反转效果,再对蒙版的【羽化】效果进行适当的调整(图 7-3-3)。

③创建一个"固态层",利用【钢笔工具】在该固态层上画出线条的运动轨迹。在该"固态层"上添加 3D stroke 效果(图 7-3-4),并在【开始】和【结束】属性上打上关键帧(从 0 到 100,如时间轴上所示),并选中 3D stroke 中的锥体效果。

④新建一个正圆的【形状图层】并适当调整其大小,填充颜色与线条颜色一致。选中"固态层"中的运动轨迹,按快捷键【Ctrl+C】复制其运动轨迹,再选中【形状图层】中的【位置属性】通过按快捷键【Ctrl+V】进行粘贴,并对正圆的【形状图层】作适当调整,让小球始终处于线条路径的最前端,形成光晕效果(图 7-3-5)。

151

添加网格效果，并作适当调整

黑色固态层

图 7-3-2　添加【网格】效果

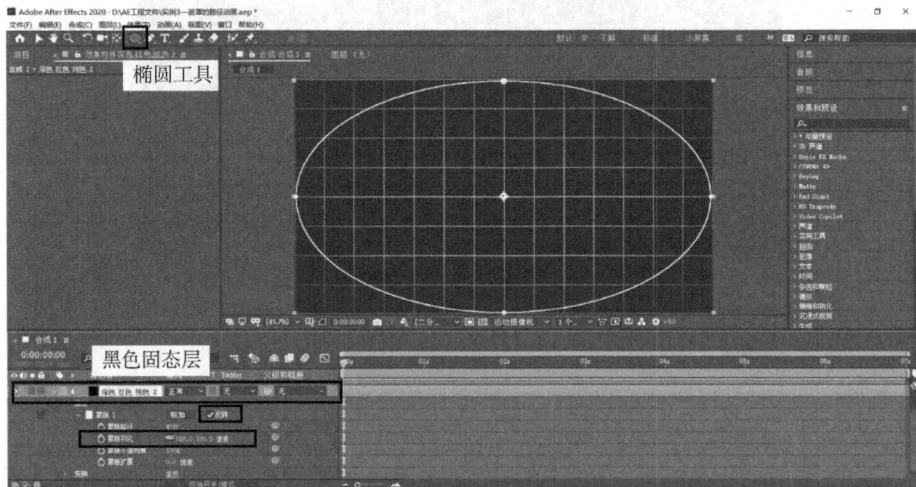

椭圆工具

黑色固态层

图 7-3-3　添加椭圆蒙版

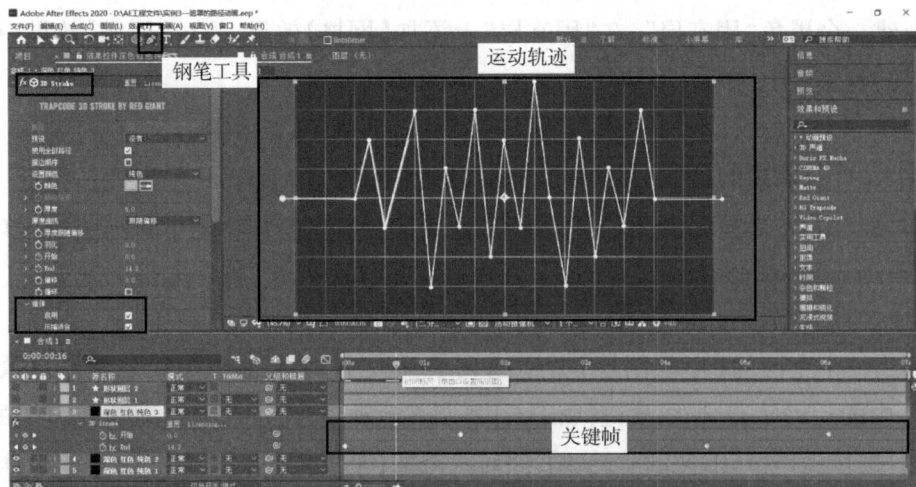

钢笔工具

运动轨迹

关键帧

图 7-3-4　添加 3D stroke 效果

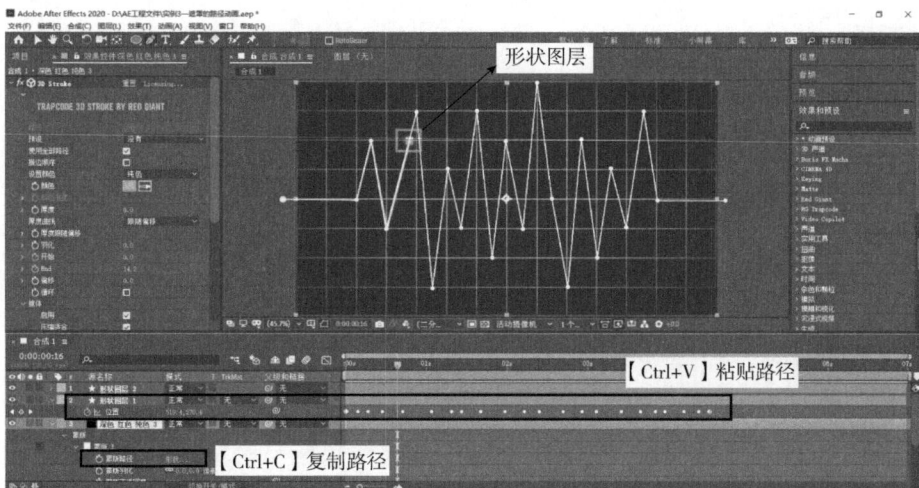

图 7-3-5　创建效果图中的"小球"

（3）保存文件。在所有设置完成后，对动画进行预览，然后保存文件或者直接将视频动画渲染输出。

7.3.3　案例练习

将 7.3 中所讲的案例练习几次，并能够熟练地掌握其中所使用的【遮罩路径】【3D stroke】等工具，知道各工具的作用效果，对【遮罩效果】的路径属性能够熟练运用。

7.4　小　　结

本章中所讲解的知识点为 AE 中【遮罩】的一些基础应用，通过使用【遮罩】中的几个基本属性可以制作出各种不同类型的动画效果。学习者一定要牢记熟练应用【遮罩】动画属性，只有将基础打牢，才能够设计出更多优秀的动画。后面的章节中仍会有遮罩功能参与制作的案例。

7.5　课后思考与练习

（1）遮罩的常用属性有哪些？

（2）遮罩生长动画该如何应用到动画制作中？

（3）遮罩的路径动画该如何应用到视频制作中去？

（4）完成案例练习：电视节目《聊城气象》片头设计。

第 8 章

AE后期合成常用特效

　　知识点应用：在影视后期制作中需要经常用到一些后期合成特效。例如，光效特效可让原本无聊的视频或动画添加一丝灵动感和科技感；利用调色特效中的各种属性，可使原本不会变化的图片颜色发生变化，从而使其形成动画效果；粒子系统特效可以模拟烟花、雨滴、散落的树叶、计算机数字阵列排布等效果，用途非常广泛；文字特效也是影视后期中经常要用到的效果，它可以使得文字具有运动感，令人印象深刻。

　　学习重点：

- 光效特效的制作方法。
- 调色特效的制作方法。
- 粒子系统特效的制作方法。
- 文字特效的制作方法。

8.1 光效特效

8.1.1 建筑光效创作思路

利用 AE 中的【saber】光效插件让原本无聊的视频或动画添加一丝灵动感和科技感。效果如图 8-1-1 所示。

a)使用前    b)使用后

图 8-1-1 【saber】光效使用前后效果图

8.1.2 知识要点

【saber】插件的属性;遮罩路径的绘制。

8.1.3 操作步骤

(1)新建合成。新建一个项目合成将其命名为【实例 4-光效特效】。

(2)编辑制作。在新建合成之后,在合成中进行进一步的编辑操作。

①将视频素材拖入到合成之中,新建一个固态层,并将其命名为【光线】(图 8-1-2)。

②选中固态层,并利用【钢笔工具】做如图 8-1-3 所示的横向蒙版路径,并将其按【Ctrl+D】复制,复制多层且进行适当的调整,得到多个横向蒙版路径和纵向蒙版路径。

③将【saber】插件添加到固态层之上,并将【saber】中的自定义主体改为"遮罩图层",将其开始大小设置为 0,结束大小设置为 100,再给开始偏移和结束偏移打上关键帧,使得线条能够运动起来(图 8-1-4)。

④将设置好的【saber】效果进行复制,并在每个光线图层中间隔 10 帧进行粘贴,使得光线能够递进出现(图 8-1-5)。

图 8-1-2　新建固态层

图 8-1-3　制作横向蒙版路径和纵向蒙版路径

图 8-1-4　添加【saber】效果

图 8-1-5　复制粘贴【saber】效果

（3）保存文件。在所有的设置都完成之后，将工程文件另存到一个自己能够找到的文件夹或者直接导出视频。

8.1.4　文字与图形光效

后期制作中常用的发光特效还有"Shine""3D Stroker""Starglow"等特效。下面文字发光实验即使用了上述特效，其操作步骤如下：

（1）新建合成。新建一个项目合成将其命名为【合成1】。

（2）编辑制作。在新建合成之后，在合成中进行进一步的编辑操作。

①新建一个文字层，点击"横排文字工具"，在文本框中输入"shine on line"。

②选中"shine on line"字体图层，【右键-效果-Trapcode-Shine】，即可将Shine特效加在字体图层上（图8-1-6）。

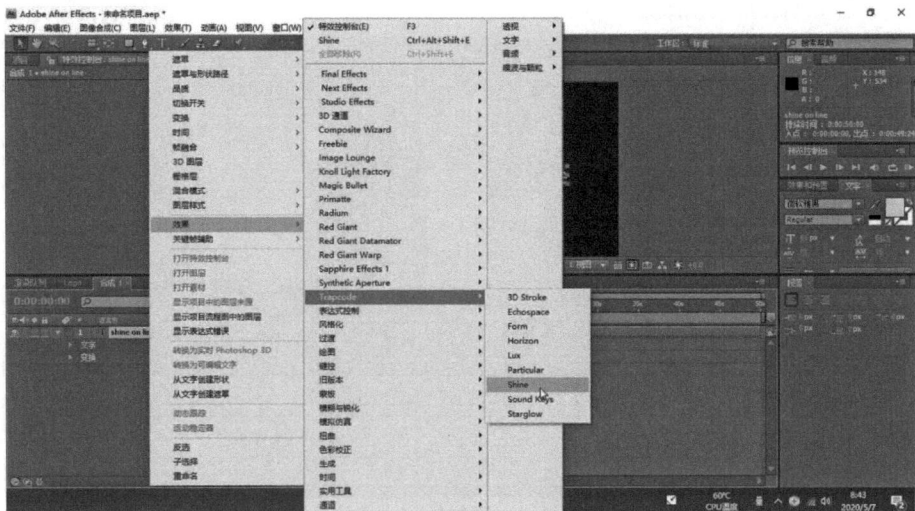

图 8-1-6　添加 Shine 特效

③在起始位置处，在【发光点】属性上打上关键帧，并增大其 x 轴数值，在结束位置处打上一个关键帧，预览即可得到光线在 X 轴上扫射的效果。在两个关键帧之间，在【光芒长度】属性上打上关键帧，并将其数值由 10 调节为 0，在结束位置处的关键帧后打上一个关键帧，预览即可得到光线在 X 轴上从左到右扫射，并且光芒逐渐消失的效果（图 8-1-7）。

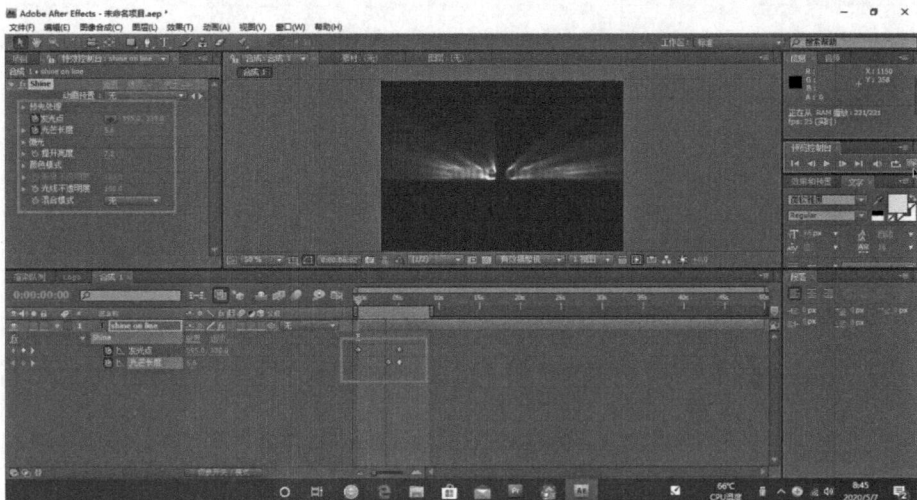

图 8-1-7 制作光芒逐渐消失效果

④新建一个固态层将其命名为"光 1"，利用【遮罩工具】中的椭圆形遮罩工具在"光 1"固态层上进行遮罩的绘制。选中"光 1"固态层，【右键-效果-Trapcode-3D Stroker】，即可在"光 1"固态层上添加 3D Stroker 效果。根据想要的效果适当调节 3D Stroker 特效的属性，并选中 3D Stroker 中的椎体效果（图 8-1-8）。

图 8-1-8 添加 3D Stroker 效果

⑤在起始位置处，在【终点】属性上打上关键帧，将其值设为 0，再在结束位置处打上关

键帧,其值设为 100。在两个关键帧之间处,在【起点】属性上打上关键帧,将其值设为 0,再在结束位置的关键帧后打上关键帧,将其值设为 100,预览即可得到遮罩光圈一直旋转的效果(图 8-1-9)。

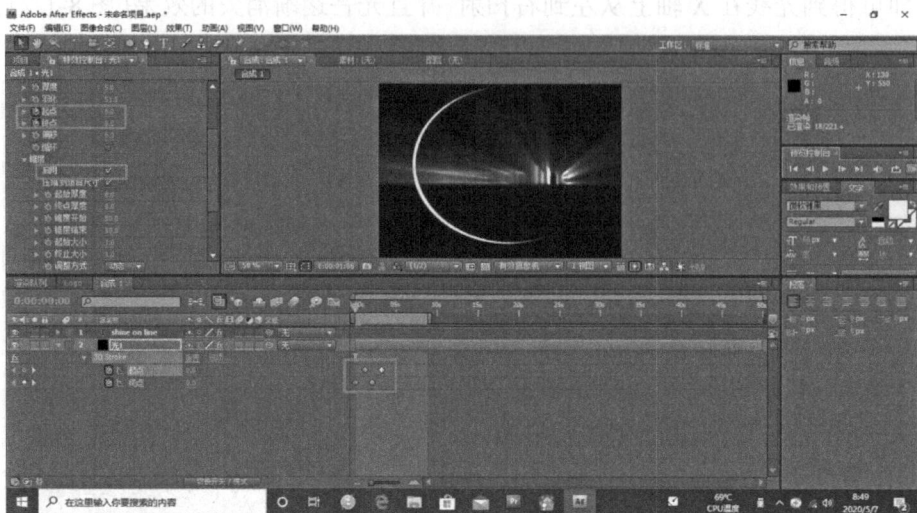

图 8-1-9　制作遮罩光圈旋转效果

⑥选中"光 1"固态层,【右键-效果-Trapcode-Starglow】,便可在遮罩光圈上添加漂亮的发光效果。"光 1"固态层制作完成后,选中该固态层,按【Ctrl+D】进行复制,得到三个"光 1"固态层,再通过调节三个"光 1"固态层的时间轴,使其分错开。步骤如图 8-1-10、图 8-1-11所示。

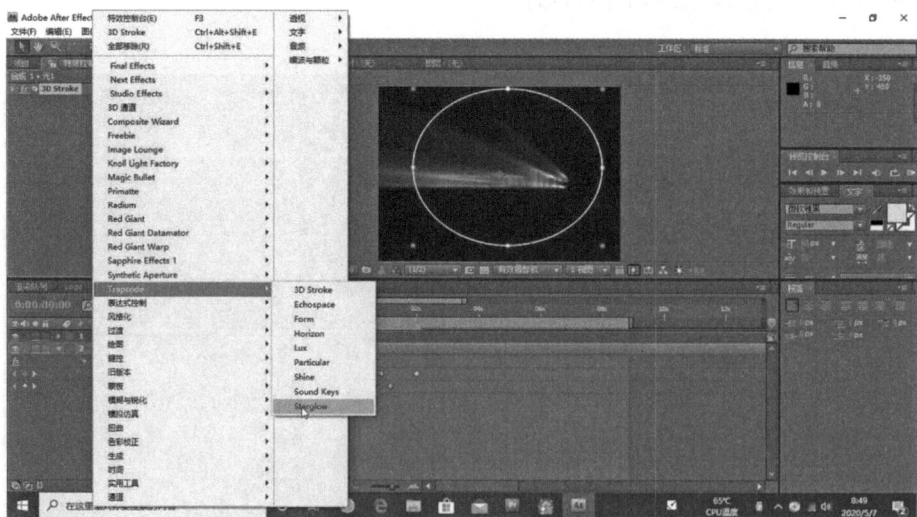

图 8-1-10　添加 Starglow 效果

(3)保存文件。在所有设置完成后,对动画进行预览,然后保存文件或者直接将视频动画渲染输出。

图 8-1-11　复制粘贴固态层

8.2　调 色 特 效

8.2.1　创作思路

利用 AE 中【调色特效】的各种属性,使原本不会变化的图片颜色发生变化,从而使得其形成动画效果。"调色特效"效果如图 8-2-1 所示。

a)应用前

b)应用后

图 8-2-1　调色特效应用前后对比

8.2.2　知识要点

画面的局部调色。

8.2.3　操作步骤

(1)新建合成。新建一个项目合成,并将其命名为【实例 5-画面的局部调色】。

161

（2）编辑制作。在新建合成之后，紧接着对素材进行编辑操作，步骤如下。

①将素材图片导入到合成之中，再按【Ctrl+D】将其复制一层（图8-2-2）。

图 8-2-2 导入素材图片

②选中复制出来的素材图层，利用【钢笔工具】将其中有颜色的部分勾勒出来，使其形成一层蒙版（图8-2-3）。

图 8-2-3 使用【钢笔工具】创建蒙版

③给复制素材图层添加一个色相/饱和度的效果，并选中彩色化，将其颜色饱和度调整到一个合适的大小，再为其着色色相打上关键帧，使得汽车颜色随时间的变化而变化（图8-2-4）。

（3）保存文件。在所有设置以及动画关键帧做好之后，将文件保存，或直接将动画视频导出。

图 8-2-4 添加色相/饱和度效果

8.3 粒子系统特效

8.3.1 创作思路

利用 AE 中的【particular】粒子系统插件,给原本静态的图片制作出放烟花的效果,如图 8-3-1~图 8-3-3所示。

图 8-3-1 添加烟花效果前

图 8-3-2　添加烟花效果后(一)

图 8-3-3　添加烟花效果后(二)

8.3.2　知识要点

【particular】插件的运用,要求掌握常用粒子效果的运用场景,学会设置粒子特效的参数。通常可运用该插件模拟雨、雪、烟花散落的树叶、空中水滴等多粒子散落的效果。

8.3.3　操作步骤

(1)新建合成。新建一个合成,并将其命名为【实例 6-粒子系统特效】。

(2)操作编辑。在新建合成之后,导入素材,进行编辑。

①将素材图片导入到合成之中,并新建一个固态层,取名为"粒子",将【particular】粒子插件添加到固态层上。步骤如图 8-3-4 所示。

②在发射器选项中,给粒子/S 打上关键帧,使得粒子图像形成一个爆破发射的动态效果,并继续对【particular】中的其他参数进行调节,使得其更像放烟花的效果。步骤如图 8-3-5 所示。

注意,在对【particular】进行设置时主要设置以下参数:

a.粒子/秒(设置粒子爆破运动速度)。

b.运动速度。

c.粒子生命时长。

d.粒子尺寸。

e.粒子透明度(随机)。

f.粒子颜色(添加一个发光效果)。

图 8-3-4 添加【particular】粒子插件

图 8-3-5 为粒子/S 添加关键帧

③在【particular】设置完成之后,将固态层多复制几层,并将其位置属性、颜色在时间轴

上所处的位置进行适当的调整,就可以得到一场较为简单漂亮的烟花秀(图8-3-6)。

图 8-3-6　调整烟花粒子系统在画面当中的位置

(3)保存文件。在所有设置完成后,对文件进行保存,或直接将视频动画导出。

8.4　文　字　特　效

8.4.1　创作思路

在 AE 中,制作文字特效可以运用许多方法。这里利用文字的【描边特性】来制作文字特效。其效果如图8-4-1所示。

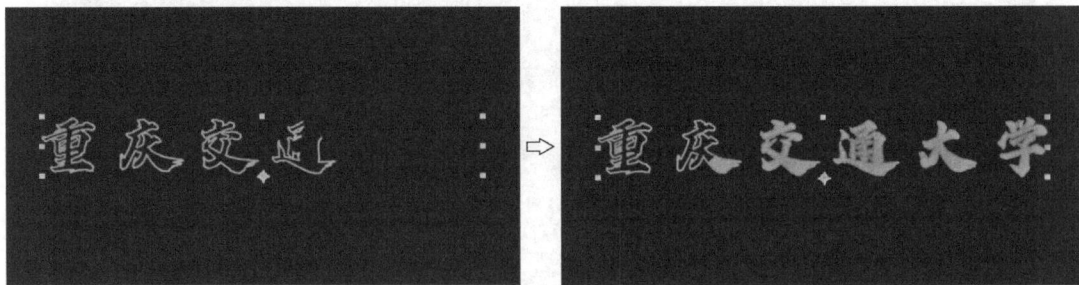

图 8-4-1　文字特效效果图

8.4.2　知识要点

描边动画的制作;线性擦除的属性。

8.4.3　操作步骤

（1）新建合成。在 AE 中新建一个合成，并将其命名为【实例7-文字特效】。

（2）编辑制作。在新建合成之后，在合成内进行编辑。步骤如下：

①新建一个文字图层，写上自己想要的文字，并对文本进行适当的调整，从文字图层创建形状图层（图 8-4-2）。

图 8-4-2　新建文字图层

②在从文字图层创建的形状图层中，添加修剪路径效果，并为其结束属性打上关键帧，使得描边能够动起来（图 8-4-3）。

图 8-4-3　添加修剪路径效果

③给文字图层添加一个线性擦除效果，并在过渡完成的时间轴处打上关键帧，并适当调整擦除角度，让文字能够形成一个倾斜擦除的效果。步骤如图 8-4-4、图 8-4-5 所示。

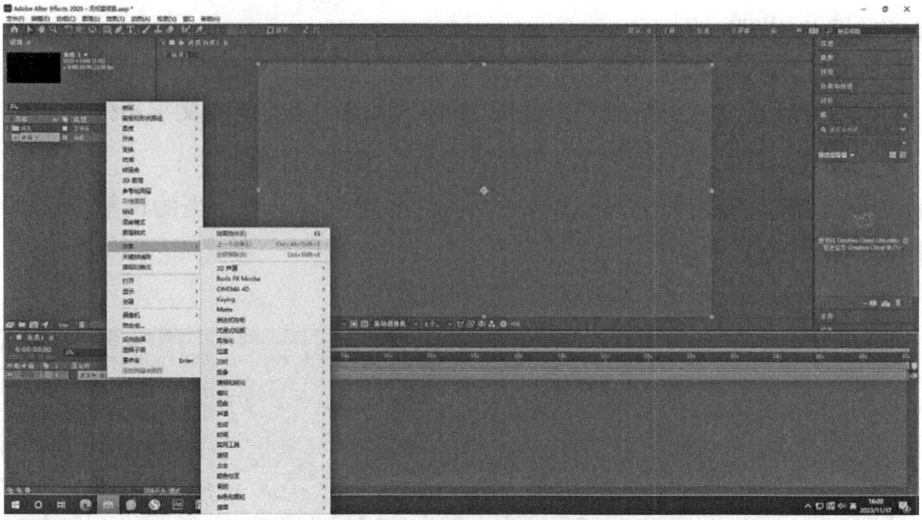

图 8-4-4　添加线性擦除效果

图 8-4-5　添加关键帧

（3）保存文件。在所有设置完成之后，对文件进行保存，或直接将其输出为动画视频。

8.5　小　　结

AE 提供了上百种特效，还配有经典外置插件效果。总的类型包括扭曲、特殊效果、调色、生成、模拟、抠像、文本、遮罩等特效。每个特效都有复杂的参数设置和调整，学习者要对参数效果很熟悉，尝试模拟应用，并合理地将其应用到作品中去。

8.6　课后思考与练习

（1）遮罩的作用是什么？

（2）如何应用路径动画？

（3）粒子系统动画的应用场景有哪些？

第9章

抠像技术应用

知识点应用：影视后期合成的任务为将不同的视觉元素艺术化、完美地融入照片一般真实感的画面中。抠像作为影视后期合成制作中常用的技术手段，其作用为满足影片故事场景的创作要求，将演员或道具模型在蓝屏或绿屏前抠像生成背景透明的素材，然后与数字场景合成，实现影视镜头的完美结合，或在电视节目制作中实现主持人与数字虚拟演播室的结合。

学习重点：

- 抠像技术的基本原理。
- 常用抠像插件的参数调整和应用。

9.1 后期抠像原理

"抠像"一词来源早期电视制作,也称为"键控",意思是吸取画面中的某一种颜色作为透明,将它从画面中删除,从而使背景透出来,形成两层画面的叠加合成。在室内拍摄的人物和道具,可以与各种背景融合在一起,形成各种奇特的效果。进行抠像特效合成,一般情况下抠像素材应在背景层上面,这样在抠像后会透出底下的背景色。抠像是合成的基础,其使用抠像技术,产生一个 Alpha 通道,识别图像中的透明度信息,然后与计算机制作的场景或其他场景进行叠加合成。因为人的肤色不含有蓝色和绿色,所以一般情况下,拍摄时以蓝色和绿色为背景,以便于后期进行抠像处理。

前期拍摄注意事项有如下方面。

1)人物拍摄打光时应注意的问题

(1)为合成进背景中的人物打光,背景可能是黑暗的室内、阳光灿烂的户外、高对比度的场景等。人物的灯光是独立于背景灯光的,为了给人物打光,先将照明背景的灯光关闭,等人物灯光设置好后,再打开背景光源。

(2)保持人物与背景间有 2.4 米至 3 米的距离。人物距离背景越近,身上会有越多的背景溢出光。

(3)确保人物照明光源不会照到背景上。

(4)注意人物身上的反射物体,如演员的首饰、皮带扣、头发等,它们会反射背景颜色,使所在区域的抠像是透明的,就像人物身上穿了个黑色的洞。

2)背景拍摄时候要注意的问题

(1)在拍摄、打光的时候,背景不宜照得过亮,如果背景过亮会使背景失去纯度(饱和度),或使背景有更多的颜色溢出到前景人物上。

(2)抠像时背景需接近 100% 的成色,其他两种颜色占 0%,但技术上不可能接近 100%,只能尽量接近。比如蓝色背景抠像,尽量保证蓝色的纯度(饱和度)为 100%,不包含红色、绿色等色彩。

9.2 抠像合成方法

在 AE 中,对要抠像的素材赋予 KEYING(键控)特效,会看到多种特效(图 9-2-1)。

9.2.1 AE 常见的抠像技术

1) CC 简单金属丝移除

在影视作品创作中,常常需要给演员吊威亚来完成一些"飞檐走壁"的特效,而后期为演员抠像擦钢丝的工作就变得很烦琐。CC 简单金属丝移除特效可以将拍摄特技时使用的钢丝快速地擦除。如图 9-2-2~图 9-2-4 所示的点 A 和点 B,点 A 和点 B 是通过调整该选项中的两个参数设置起点和终点的位置。

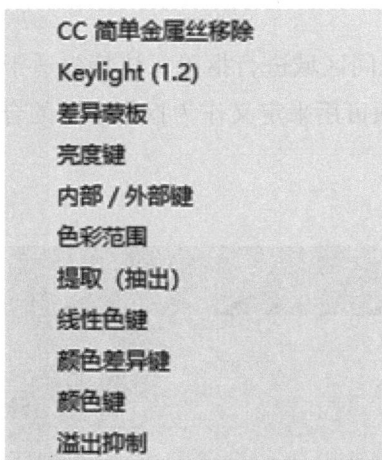

图 9-2-1　KEYING(键控)特效

图 9-2-2　抠像擦钢丝前

图 9-2-3　抠像擦钢丝后

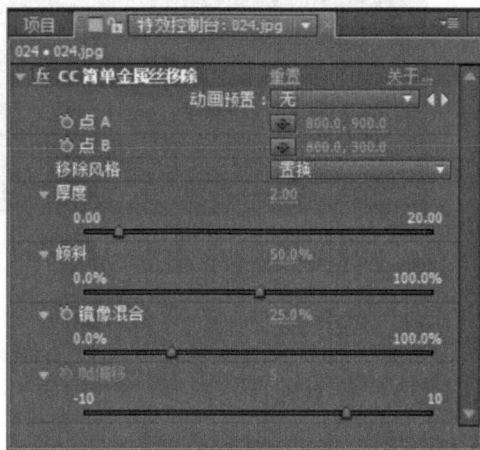

图 9-2-4　CC 简单金属丝移除特效

2) KEYLIGHT

可以通过 KEYLIGHT 键控特效选择屏幕颜色将该颜色去除,如可通过 KEYLIGHT 键控,将绿色的背景色去除并进行图像合成(图 9-2-5)。

图 9-2-5　电影《阿凡达》中的 KEYLIGHT 键控特效

3）差异蒙版

差异蒙版特效通过对两张图像进行比较,而对相同区域进行抠除。该特效适于对运动物体的背景进行抠像。差异层下拉列表中的不同选项可用来定义作为抠像参考的合成层素材(图 9-2-6)。

图 9-2-6　差异蒙版特效

4）亮度键

亮度键特效根据图像像素的亮度不同来进行抠图。该特效主要运用于对比度较大,但色相变化不大的图像。

5）提取

提取(抽出)特效是对图像中非常明亮的白色部分或很暗的黑色部分进行抠像,该特效适用于有很强的曝光度背景或者对比度比较大的图像。

6）色彩范围

色彩范围特效通过设置一定范围的色彩变幻区域对图像进行抠像,一般用于非统一背景颜色的画面抠除。如图 9-2-7 所示,通过设定【色彩空间】选项中【Lab】【YUV】或【RGB】选

174

项,调整最大、最小参数值和【模糊】选项中的参数,完成背景色彩比较复杂的素材抠像。

图 9-2-7　设定【Lab】【YUV】或【RGB】选项

7）线性色键

线性色键特效采用 RGB、色调和色度的信息来对图像进行抠像处理。该特效不仅能够用于抠像,还可以保护被抠掉或指定区域的图像像素不被破坏,是常用的抠像特效(图 9-2-8)。

图 9-2-8　线性色键特效制作

8）颜色差异键

颜色差异键特效将指定的颜色划分为 A、B 两个部分,实施抠像操作。在图像 A 中,需要用吸色管指定出需要抠除的颜色;在图像 B 中,同样需要指定出需要抠除不同于图像 A 的颜色。若两个黑白图像相加,会得到色彩抠像后的 Alpha 通道。

在该特效选项中,通过调整 A 部分、B 部分和蒙版的 Gamma 选项中的参数,可设置 Gamma 在各个选项中的校正值;通过调整 A 部分和 B 部分的黑、白输出中的参数,可分别设置溢出黑、白平衡;同样,通过调整 B 部分和蒙版的黑、白输入中的参数,可分别调节非溢出黑、白平衡。(图 9-2-9)

图 9-2-9　颜色差异键特效制作

9) 内部/外部键

内部/外部键特效通过手绘遮罩来对图像进行抠像。在图层面板的遮罩通道上绘制一个遮罩,将其指定给特效的前景或背景属性。(图 9-2-10)

图 9-2-10　内部/外部键特效制作

10) 颜色键

颜色键特效通过设置或指定图像中某一像素的颜色来把图像中相应的颜色全部抠除。

11) 溢出抑制

溢出抑制特效并非用于抠像,主要作用是对抠完像的素材进行边沿部分的颜色压缩,经常用于蓝屏或绿屏抠像后处理一些细节部分。

注意:抠像时,不同的拍摄素材,因其曝光量不同、人物在室内打光的照度不同等情况,会出现背景色调不均匀的问题。另一个问题是在蓝幕前拍摄的溢光。蓝色光反射(溢出)出蓝幕会污染目标物体。蓝色背光还会与目标物体的边缘混合,产生令人不悦的蓝色边缘。不仅如此,任何半透明区域,比如头发、薄衣服,或者运动模糊的区域,蓝色光都会显现,导致前景物体着上蓝色。为了处理这些溢光问题,抠像技术要进行额外的工作校正溢出,去除因蓝幕拍摄引入的蓝色色调和蓝色边缘,在 AE 中需要按照图 9-2-11 所示组合不同的 KEYING (键控)来控制这个问题的产生。

图 9-2-11　组合不同 KEYING(键控)

9.2.2　案例练习一

1) 创作思路

利用 Adobe After Effects 2020 中的【KEYLIGHT】抠像插件,对绿幕进行抠像,并与另一个视频进行合成。效果对比如图 9-2-12 所示。

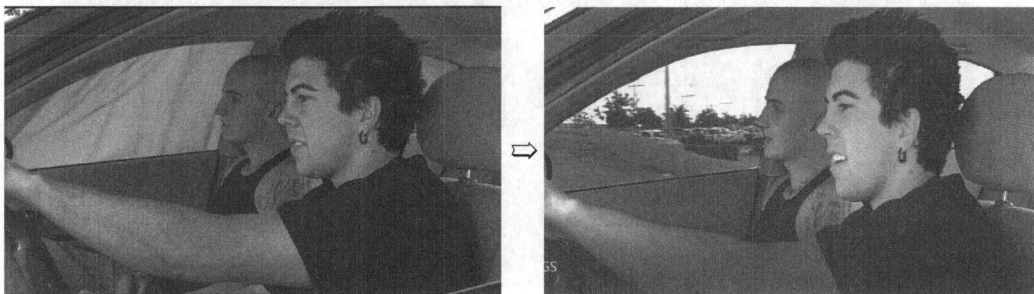

图 9-2-12　绿幕抠像前后对比图

2) 知识要点

【KEYLIGHT】插件的简单运用。

3) 操作步骤

(1)新建合成。新建一个 AE 合成,并将其命名为【实例 8-抠像合成】。

（2）操作步骤：

①将"抠像视频"和"背景视频"导入到合成之中（图9-2-13）。

图9-2-13　导入"抠像视频"和"背景视频"

②将【KEYLIGHT】插件效果导入到"抠像视频"中（图9-2-14）。

图9-2-14　添加【KEYLIGHT】插件效果

③对【KEYLIGHT】插件进行参数调节。先将【View】调成【Screen Matte】，抠像颜色调整为幕布的颜色（此处为绿色），再调节【Clip black】和【Clip white】把图像扣干净（图9-2-15）。

④最后将【View】调回【Final Result】（图9-2-16）。

（3）保存文件。在所有设置完成之后，对文件进行保存，或直接将其输出动画视频。

图 9-2-15 调节【KEYLIGHT】插件参数

图 9-2-16 将【View】设置为【Final Result】

9.2.3 案例练习二

"主持人抠像"练习,应用插件色彩范围、溢出抑制、简单抑制,组合应用综合抠像。

9.3 小 结

抠像作为影视后期制作中重要的手段,可以为影视艺术带来创意上的便捷,电影的拍摄对于单个镜头的合成与特效要求更高,往往是多个视觉素材融合在一个镜头画面里面,所以其后期编辑工作要求编辑人员掌握较为多样化的抠像技术,以创造出完美的艺术画面。

9.4　课后思考与练习

(1)如何通过后期抠像把素材的背景处理干净?

(2)抠像的原理是什么?

(3)常用的抠像技术有哪些,其各自特点是什么?

(4)欣赏一部你喜爱的影视作品,分析其抠像技术应用及创意点。

第 10 章

三维空间动画
与摄像机动画

知识点应用： 三维空间动画和摄像机动画在影视后期制作中比较常见，可以为影视画面增加三维空间立体效果。其原理为在 X、Y 轴的平面空间里，增加 Z 轴，从而形成了 X、Y、Z 三维空间系统。通过赋予图层可前后移动的属性，可使二维平面内的图层拥有最基本的三维属性，所以我们看到了画面中的三维视频、三维文字、三维图片的形式存在。在视频动画的制作过程中，AE 中的摄像机运动动画可以从多个角度拍摄图层元素，就如同真的有一台摄像机在作推、拉、摇、移、跟、旋转等运动效果，带给观众新的模拟视角。AE 中的摄像机只对三维图层元素有作用。

学习重点：

- 三维图层属性的设置和调整如 Z 轴位置动画、XYZ 轴的旋转动画。
- 利用摄像机工具调整推、拉、摇、移、跟、旋转动画。

10.1　认识视频三维空间

什么是三维空间？众所周知，三维空间，也称三次元、3D，日常生活中可指由长、宽、高三

图 10-1-1　三维空间示意

个维度所构成的空间（图 10-1-1）。这是对于三维空间最简单，也最易理解的描述。我们生活在这样一个三维立体的空间里，往往通过一个物体是否同时具有长、宽、高这三个属性来判断该物体是否为三维物体。然而视频往往都是在一个二维的平面上播放，那视频中的三维空间又是怎样构建的呢？

在 Adobe After Effects 2020 中构建三维效果最简单有效的方法便是直接开启图层的三维属性按钮，这样便给图层赋予了长、宽、高属性。当图层仅仅只具有二维属性的时候，在屏幕里只可以"上下左右"移动，只能得到平面效果，缺少空间感，距离达到三维效果的目的还缺少前后移动的效果（即距离远近，也可理解为图层在平面内的大小属性）。当开启三维属性按钮之后，图层便同时具备了"上下左右前后"的移动属性，可以在屏幕里的三维空间里任意移动，也就是通过赋予图层可前后移动的属性，让二维平面内的图层拥有了最基本的三维属性。

但是利用 AE 制作三维视频的局限性在于 AE 终究是个平面软件，其制作出来的三维视频始终是以图层构成的，并不是以三维模型构成的，终究改变不了其是"假 3D"的事实。

10.2　三维空间动画

10.2.1　书本翻页 3D 动画制作

1）创作思路

学会使用 AE 中的素材的【3D 属性】，并利用一些素材 3D 属性特有的性质，来制作一些特殊的 3D 动画效果。下面的书本翻页 3D 动画便是对 AE 中素材的【3D 属性】的简单利用。利用其绕 Y 轴旋转的特性，便可得到一个立体的书本翻页效果。其效果如图 10-2-1所示。

2）操作步骤

（1）新建项目。运行软件，新建一个项目取名为【实例-书本翻页动画】。

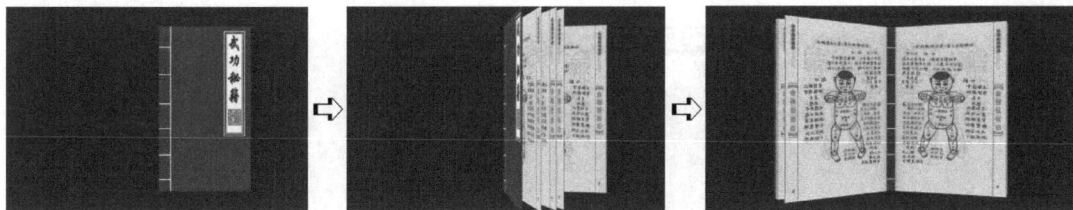

图 10-2-1　书本翻页 3D 动画效果图

（2）编辑制作。利用 AE 中的功能，尤其是 3D 编辑功能，进行书本翻页动画的制作。

①导入素材，并创建【书本翻页】【封面】【底面】【书脊】【页面】这五个新的合成（图 10-2-2）。再在合成中，进行下一步的创作。

②制作素材。

a.首先按住【Ctrl+Y】创建一个 856px×572px 颜色为蓝黑色的纯色，并将其命名为【底】（图 10-2-3）。

图 10-2-2　创建合成

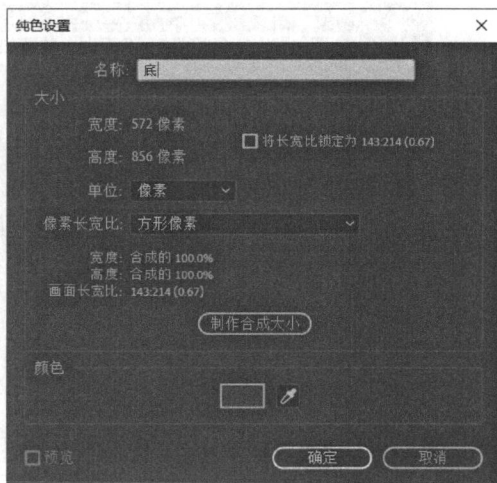

图 10-2-3　创建【底】固态层

b.新建一个形状图层。并利用矩形工具，在上面创建出如图 10-2-4 所示的白色矩形框。再用同样的方法创建两个不设置填充的蓝黑色矩形框，得到一个题目栏的最终形状，如图 10-2-5所示。再创建一个新的形状图层在其左边缘利用钢笔工具为其添加一个封边线效果（图 10-2-6）。

c.在完成前面两步之后，便得到了一个具有中国传统典籍效果的封面素材壳子。再利用 AE 当中的文字工具在题目栏上为这本即将打开的书籍起上一个自己喜欢的名字，打上印章，并适当调整文字和印章的大小和位置，便做好了一本古色古香的传统典籍封面，如图 10-2-7所示。

不添加描边，是一个填充充实的白色矩形

图 10-2-4　创建白色矩形框

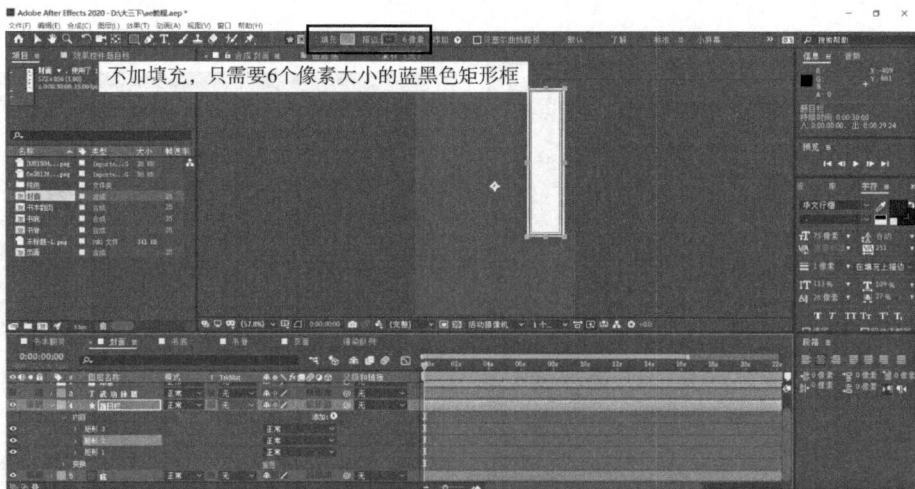

不加填充，只需要6个像素大小的蓝黑色矩形框

图 10-2-5　创建题目栏

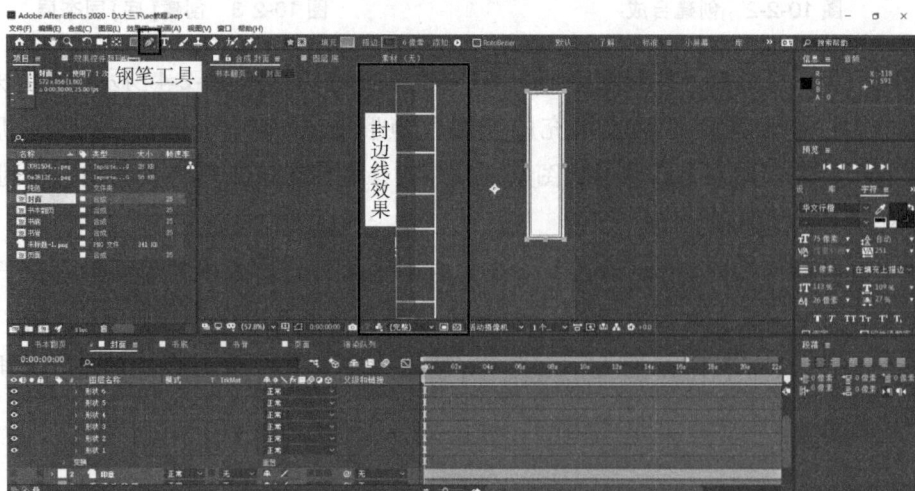

钢笔工具

封边线效果

图 10-2-6　添加封边线效果

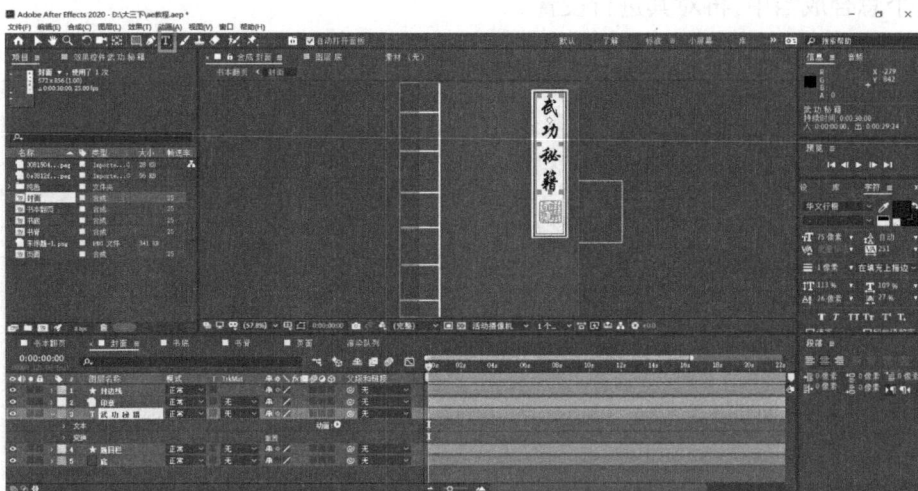

图 10-2-7 设置文字和印章效果

d.利用上述制作封面相同的方法,制作一个书本的底面,但底面不再具有题目栏,只需要用蓝黑色做底,再利用上述相同的方法在底上加上封边线即可,最后得到如图 10-2-8 所示的效果。

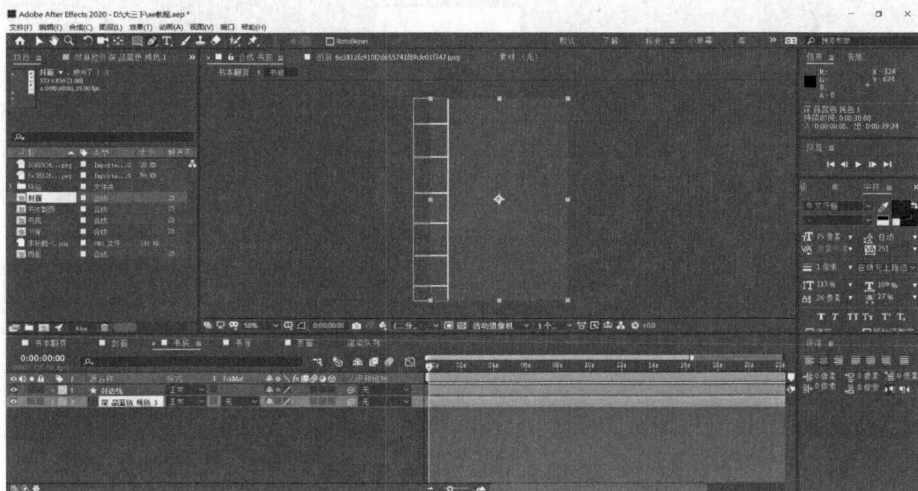

图 10-2-8 制作书本底面

e.书脊可以简单地理解为书的厚度,因为在 3D 空间内,不仅仅只具有长和宽,更重要的是在 3D 中物体多了高(厚度)的属性,才让物体在二维平面内看起来有三维的感觉。而这里我们将书脊的厚度设置为 40,则得到了如图 10-2-9 所示的书脊素材。

f.在做好封面、底面、书脊之后,就是制作书籍的内容部分。将页面内容的素材导入到【页面】这个合成中,便可得到如图 10-2-10 所示的书籍内容部分。

③编辑操作。

在将封面、底面、书脊、页面内容的素材都准备好后,将这四项内容都复制,导入到【书本翻页】这个总合成当中,再对其进行设置。

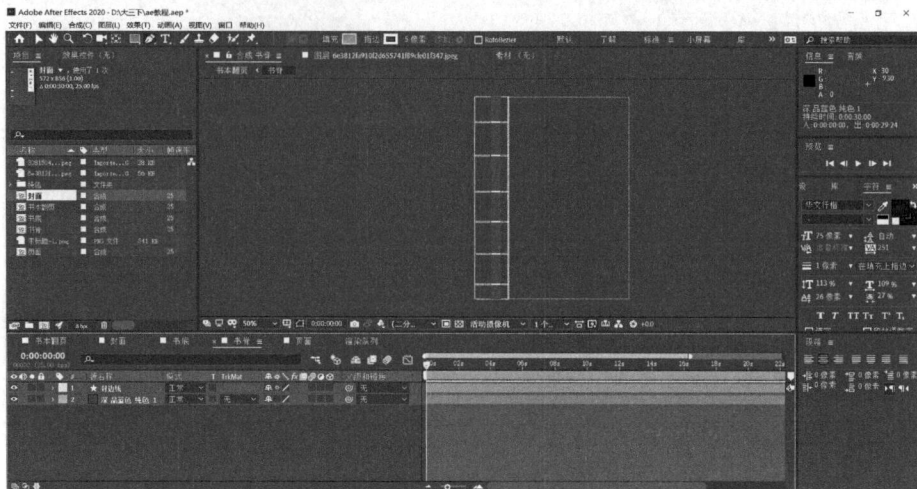

图 10-2-9　制作书脊

图 10-2-10　制作书籍内容

a.首先打开各个素材的 3D 编辑开关,如图 10-2-11 所示。

图 10-2-11　3D 编辑开关

b.这个时候,各个素材就开始具备 3D 属性,可以对其进行 3D 编辑。将封面素材和书脊素材的锚点(旋转中心)设置到素材平面的边缘,并把封面、底面、书脊按如图 10-2-12、图 10-2-13所示排列起来。

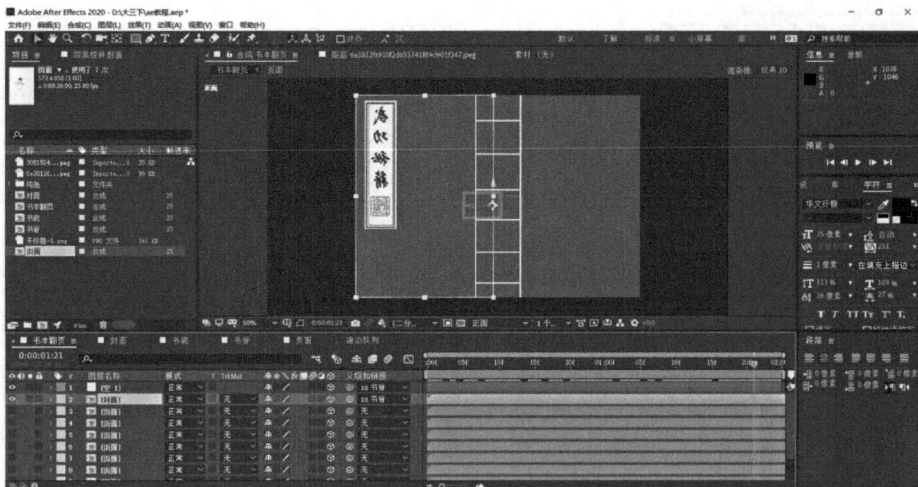

图 10-2-12　排列封面、底面、书脊（一）

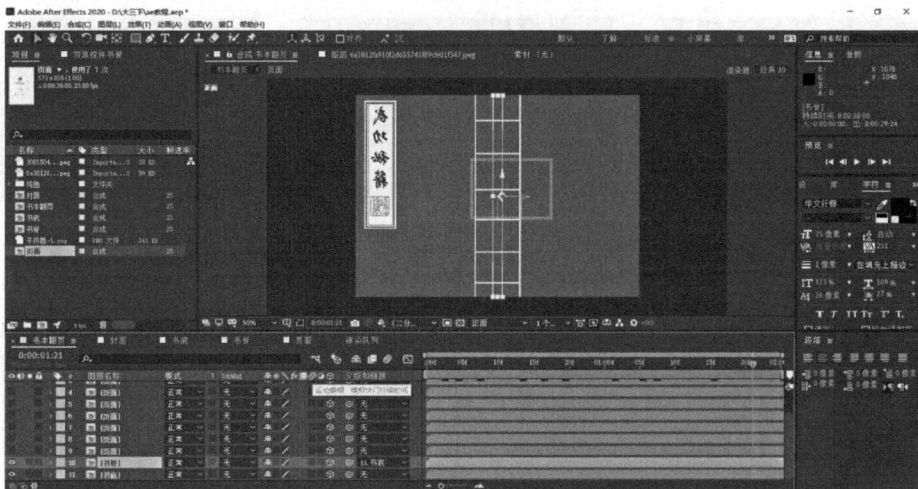

图 10-2-13　排列封面、底面、书脊（二）

　　c.再新建一个【空对象】让其和书脊产生父子级关系，并让封面与书脊、书脊和底面也产生父子级关系（图 10-2-14）。

　　d.将封面绕 Y 轴旋转的初始值设置为 90，结束值设置为 180。将书脊绕 Y 轴旋转的初始值设置为−90，结束值设置为 0，便可以得到基本的书本翻页动画，其效果如图 10-2-15 所示。

　　e.将其初步的动画设置完成之后，我们将内容页面导入到【书本翻页】这个合成中，并通过按快捷键【Ctrl+C】将封面的运动轨迹复制到内容页面素材当中，按【Ctrl+V】粘贴到内容页面的运动属性当中。再将其多复制几层，适当调整每一层之间旋转的结束角度，便得到了书本翻页的基础效果（图 10-2-16）。

　　f.最后给所有的关键帧都按【F9】打上缓动效果，让整个动画效果更加流畅真实。

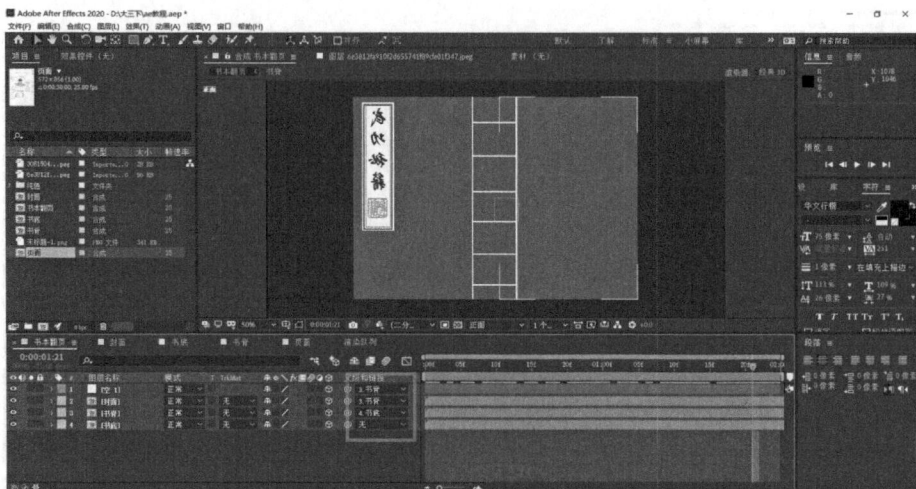

图 10-2-14　创建父子级关系

图 10-2-15　制作书本翻页动画

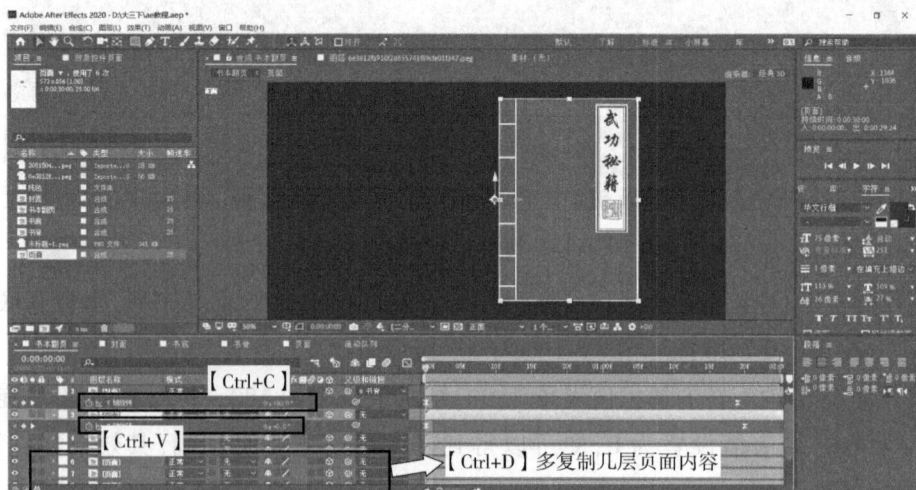

图 10-2-16　制作书本翻页基础效果

10.2.2　案例练习《模拟照片掉落》

利用 AE 的三维图层效果,为图片图层作三维 Z 轴方向的前后动画,模拟照片落下的效果。利用色相饱和度特效将照片处理为黑白饱和度值为 -100,加入白色固态层作为背景为照片添加白色边缘(图 10-2-17)。配合阴影特效为照片添加模拟阴影的效果(图 10-2-18)，注意 Z 轴动画的连贯性以及缓慢动作的处理。

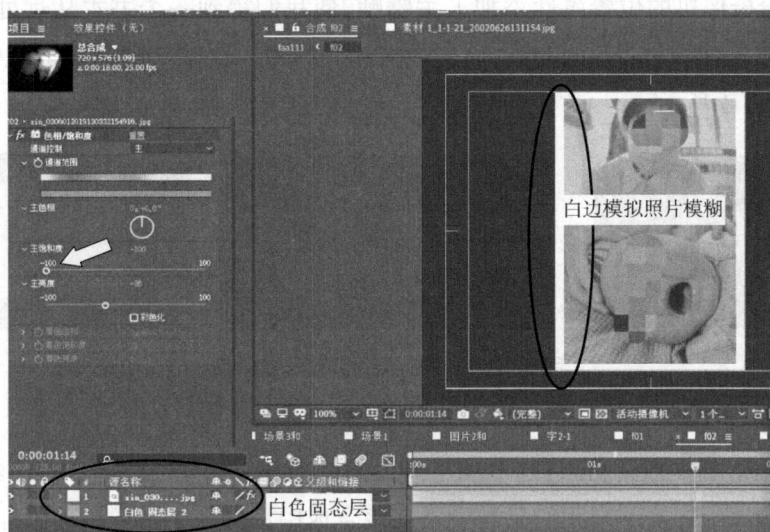

图 10-2-17　添加白色固态层

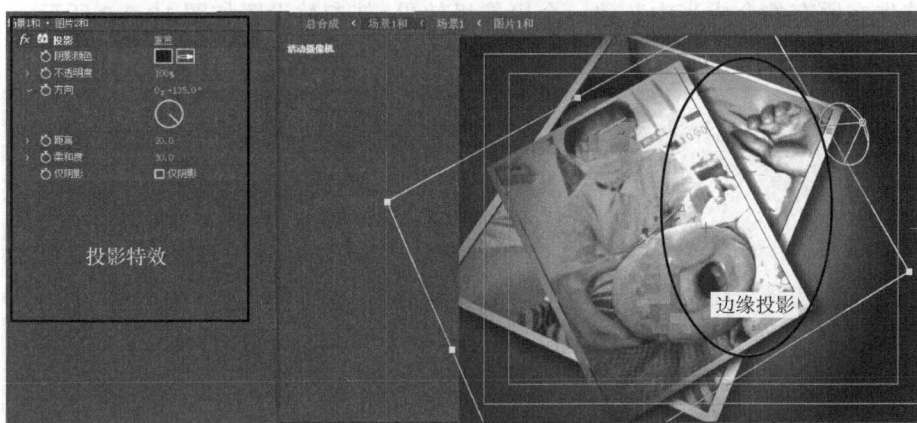

图 10-2-18　添加模拟阴影效果

10.3　AE 摄像机动画

10.3.1　创作思路

在视频动画的制作过程中,如果画面一直是由一个视角来描绘整个画面,那么整个视频动画将会让人感到十分的单调乏味。但是如果从多个角度来展现画面,那么整个视频就会多几分灵动感。而 AE 中的摄像机动画,便可以帮助我们在视频创作的时候从不同的角度去展现三维物体的各个方面。以 10.2 中的书本翻页动画为例,整个画面单单从正面展示了书本翻页动画,让整个动画少了些灵动感。所以我们将在本节中给书本翻页动画添加上摄像机动画,并给摄像机的位置属性添加上关键帧,使我们得到一个书本从远处飞过来,然后边转身边翻页,最后书本展开的动画,而摄像机动画的加入让整个画面更加流畅、更富动感。其效果如图 10-3-1 所示。

图 10-3-1　AE 摄像机动画效果图

其操作步骤如下。

(1)在【实例-书本翻页动画】这个项目中继续进行编辑。在上一节中,已经将书本翻页的基础动画设置好了,接下来我们只需要再在该合成中添加一个摄像机动画即可。

(2)编辑操作。

①首先在原有的合成当中新建一个摄像机效果,其参数设置如图 10-3-2 所示。

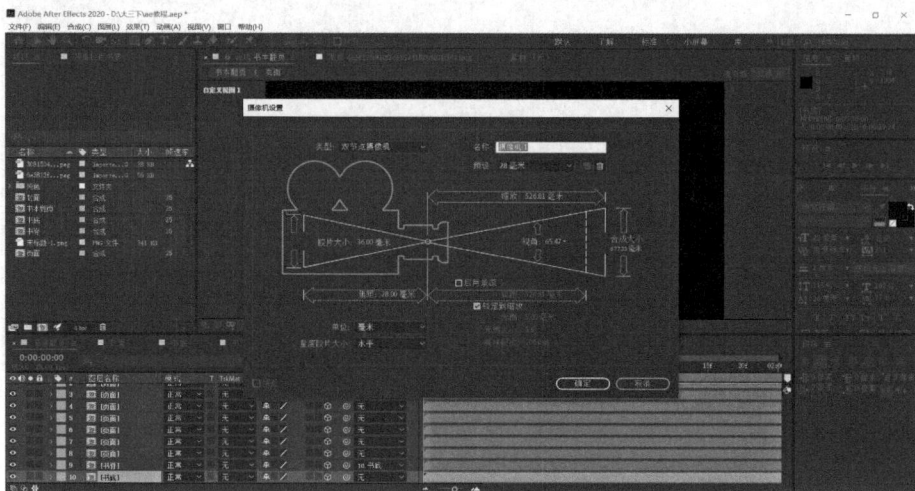

图 10-3-2　新建摄像机并设置

②利用统一摄像机工具、轨道摄像机工具、跟踪 XY 轴摄像机工具、跟踪 Z 轴摄像机工具(图 10-3-3)来对整个相机的角度进行调整,从中选择需要摄像机镜头的移动方式。

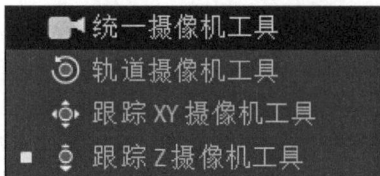

图 10-3-3　摄像机运动工具

③打开摄像机的位置属性,为其在关键时间、关键位置处打上合适的关键帧(图 10-3-4)。最后便得到了摄像机运动的效果,使得画面更加灵动。

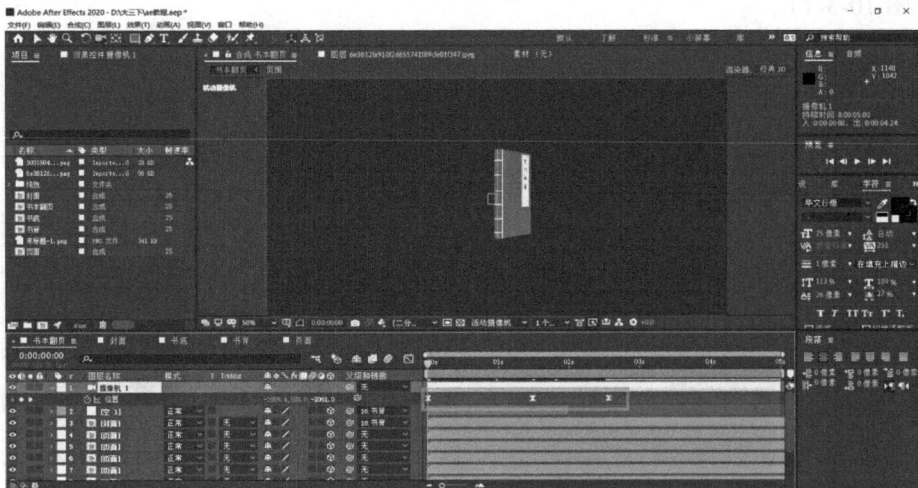

图 10-3-4　摄像机添加关键帧

（3）保存文件。将做好的工程文件进行保存，或者直接将动画进行渲染，得到最终的动画视频。

10.3.2　AE 摄像机动画的案例练习——三维文字动画

新建输入文字并复制，打开三维图层，对文字进行 Y 轴方向旋转并移动，组合成为一个四边形排列（图 10-3-5）。为合成添加聚光灯效果，开启阴影设置，给文字打出阴影效果（图 10-3-6）。

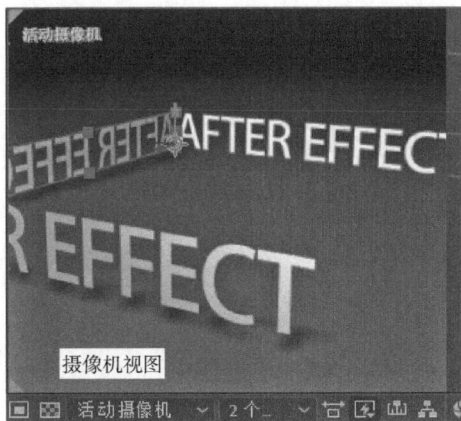

图 10-3-5　创建四边形排列效果

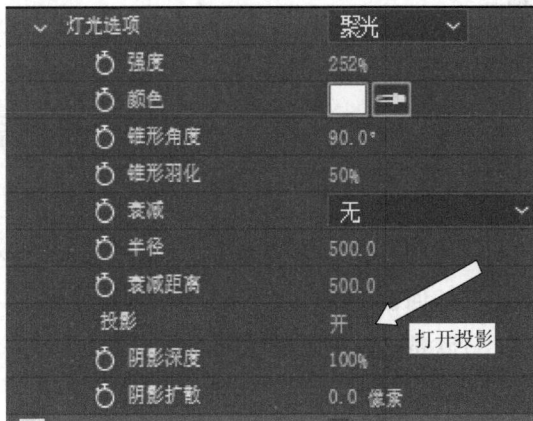

图 10-3-6　为文字添加阴影效果

开启双视图模式，一个设为顶视图，一个设为摄像机视图。为摄像机位置、目标点属性开启动画记录，利用摄像机旋转工具为摄像机添加运动动画。

注意：摄像机运动可以多打几个关键点，使摄像机产生复合型运动，拍摄更多角度的文字动画(图 10-3-7)。

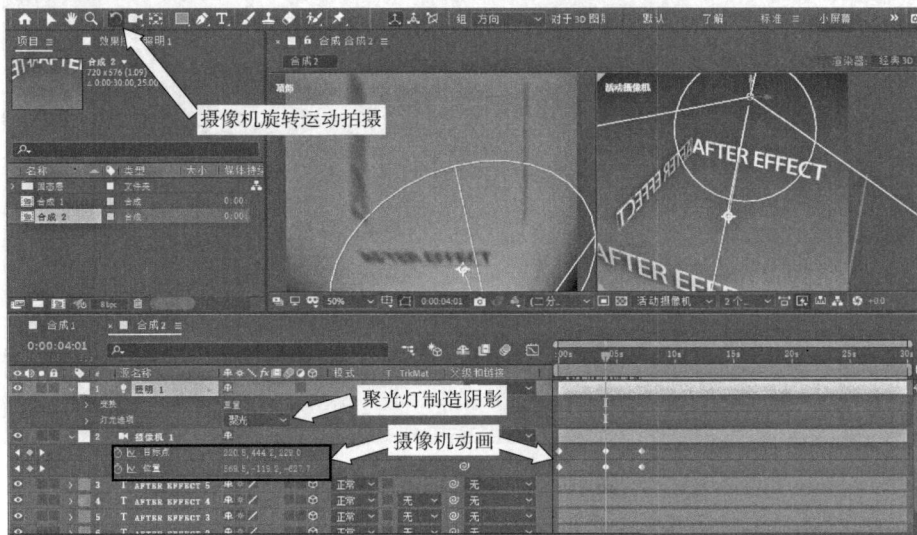

图 10-3-7　添加摄像机运动动画

10.4　小　　结

创作中应该熟悉摄像机工具的推、拉、摇、移、跟的运动拍摄方法,同时结合三维图层元素在空间中的位置形成较完整的构图,使得拍摄和构图完美结合创造出完美的复合运动空间动画。

10.5　课后思考与练习

(1)利用三维图层动画能创造出哪些艺术效果为作品服务?

(2)如何让摄像机动画运动起来更流畅?

(3)欣赏 AE 摄像机动画作品,积累经验并练习。

第11章

运动跟踪和稳定技术

知识点应用:运动追踪与稳定技术在影视后期制作中也得到了大量运用。在影视的后期制作当中,我们往往需要给一些运动的物体添加特效,从而获得我们想要的动画效果,运动追踪技术可以为不规律运动的物体添加特效,并大大减少通过添加关键帧来实现效果的工作量,其本质是追踪画面中的运动物体的颜色属性、对比属性等信息特征,从而完成对物体的追踪。在日常的后期视频剪辑当中,稳定技术可对由于拍摄对象运动过快或缺乏稳定器等原因而导致的晃动的视频画面进行一定的稳定,从而让观众观感更好。其与运动追踪有着相同的本质,但却因为使用手段的改变而有着不同的作用。

学习重点:

- 运动追踪原理的认识。
- 运动追踪技术的制作与应用。
- 稳定技术原理的认识。
- 稳定技术的制作与应用。

11.1 运动追踪原理与应用

11.1.1 视频变形模拟翻书效果

1) 创作思路

在影视的后期制作当中,往往会有一些运动的物体我们需要给它们添加一些特效,从而获得想要的特效动画。运动物体的运动轨迹如果具有规律,还可以通过关键帧来添加特效,但是运动物体的运动轨迹如果是不规律的,那么要通过添加关键帧的方式来给运动添加特效将会变得十分复杂。

当我们想要给不规律运动物体添加特效,又想要减少工作量时,我们就可以用到 AE 中一个简单好用的效果——【运动追踪】。【运动追踪】的本质是追踪画面中的运动物体的颜色属性、对比属性等信息特征,从而完成对物体的追踪。这个方法在影视后期制作当中也有大量的运用。下面我们将利用 AE 中的【运动追踪】效果来让原本空空荡荡的笔记本上多出一个小人运动的效果(具有运动属性)。其效果如图 11-1-1 所示。

图 11-1-1 小人运动视频的运动追踪合成

2) 操作步骤

(1)新建项目并取名为【跟踪动画】,如图 11-1-2 所示。

(2)编辑制作。利用 AE 里的【跟踪运动】效果对素材进行编辑。

①将事先准备好的素材导入到合成当中,如图 11-1-3 所示。

②打开 AE 中的跟踪器效果,选择跟踪运动,并将其跟踪类型选择为透视边角定位,得到跟踪点 1、2、3、4,如图 11-1-4 所示。

③将四个跟踪点分别拉到需要跟踪的位置,点击开始跟踪,从而得到笔记本屏幕的跟踪关键帧,如图 11-1-5 所示。

④跟踪完成之后我们便得到了四个点的运动轨迹,如图 11-1-6 所示。

⑤新建如图 11-1-7 所示的纯色图层,并将其取名为跟踪视频。其作用是作为播放平面及视频替换载体。

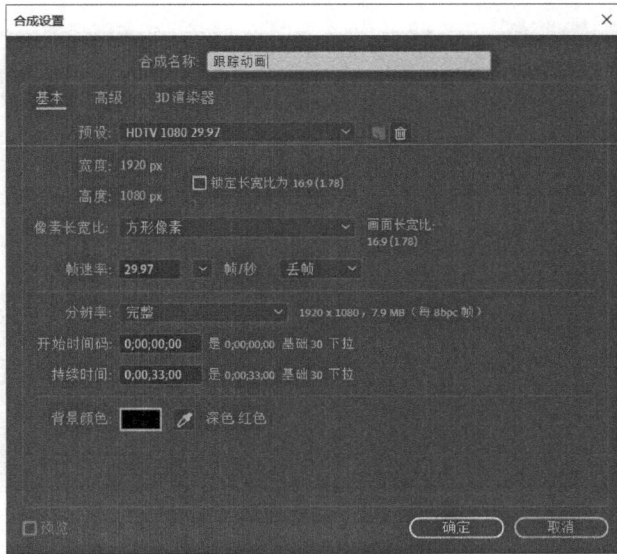

图 11-1-2　新建合成项目

图 11-1-3　导入素材

图 11-1-4　添加跟踪器效果

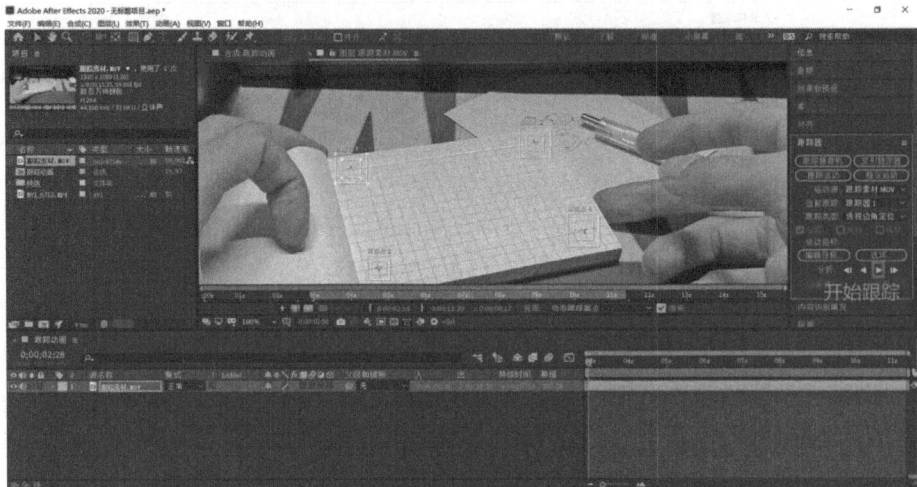

图 11-1-5　设置跟踪关键帧

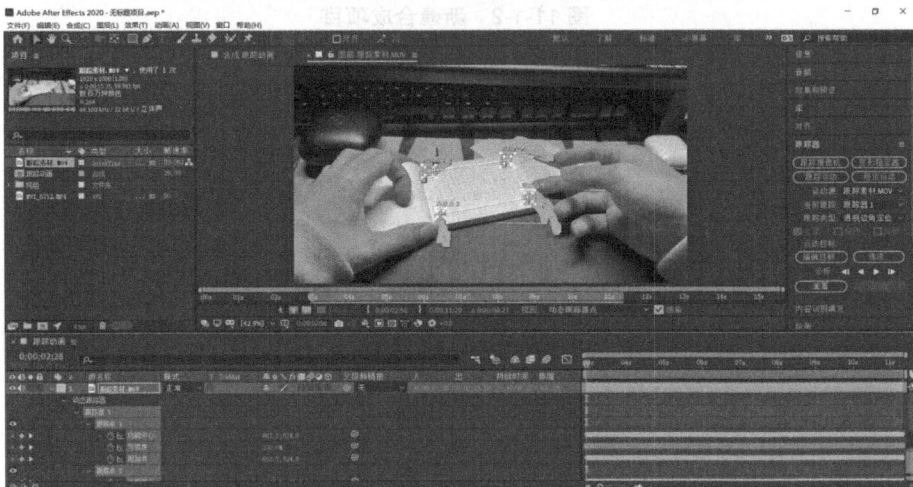

图 11-1-6　创建运动轨迹

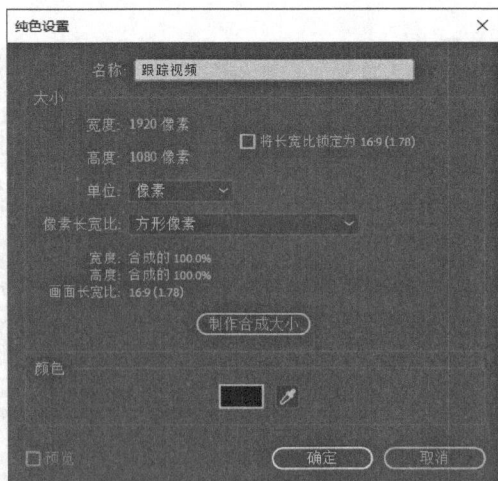

图 11-1-7　新建纯色图层

⑥选中原始素材图层,然后点击编辑目标,选择编辑目标为【跟踪视频】(图 11-1-8)。将素材图层跟踪所得到的运动轨迹应用到【跟踪视频】这个纯色图层中去。

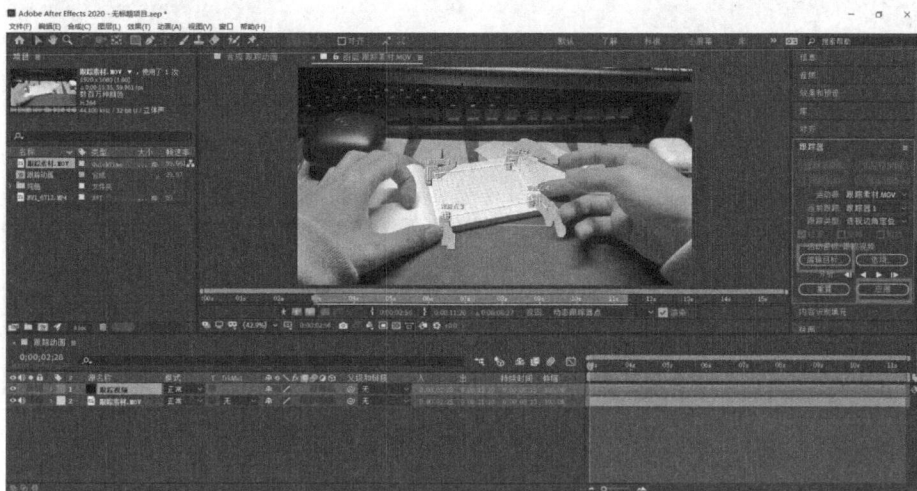

图 11-1-8　应用运动轨迹

⑦按快捷键【Ctrl+shift+C】对纯色图层进行预合成,如图 11-1-9 所示。

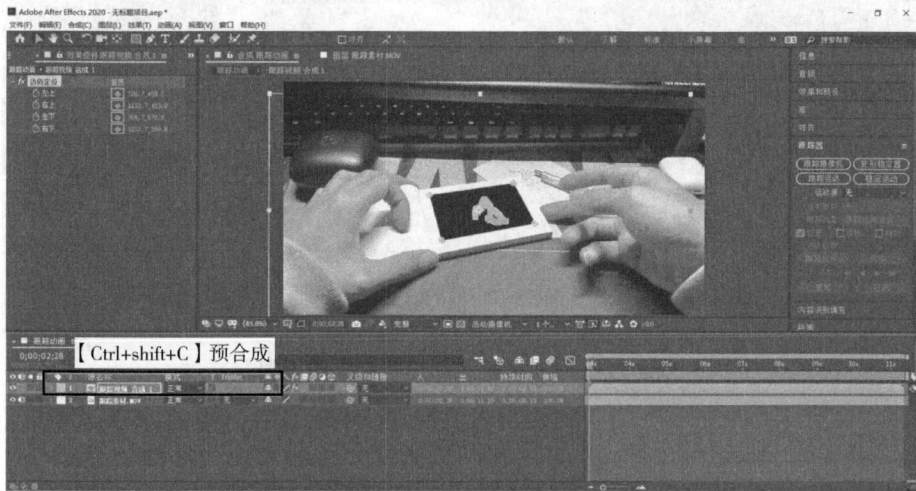

图 11-1-9　预合成纯色图层

⑧双击点开【跟踪视频】这个预合成,进入预合成中,将原本准备好的抠像视频导入到预合成当中,并给它添加一个【KEYLIGHT1.2】效果,适当调整参数,得到一个完整的抠像,并将跟踪视频纯色图层点击不显示(图 11-1-10)。

⑨将所有参数都设置好之后,便可以得到抠像视频跟踪笔记本平面运动轨迹而运动的视频效果(图 11-1-11)。

⑩保存文件,将调整好的文件导出或保存到一个方便查找的位置。

图 11-1-10　添加【KEYLIGHT1.2】效果

图 11-1-11　最终运动追踪完成效果图

11.2　稳定技术原理与应用

画面改变颤抖稳定处理案例。

1) 创作思路

在日常的后期视频剪辑当中，我们会发现，有些素材在拍摄的时候对象运动过快，或者缺乏稳定器等因素，从而导致镜头晃动得很厉害。而在这个时候，视频给人的观看效果往往是不佳的。所以我们在本小节将利用 AE 中的【运动稳定】效果来对视频画面进行一定的稳定，从而让观众观感更好。AE 中的【运动稳定】效果与 11.1 中的跟踪运动有着相同的本质,但却因为使用手段的改变而有着不同的作用。本质都是跟随画面中的某一运动的点对其进行跟踪,然后得到一个点的运动轨迹。在【运动稳定】中我们便是通过得到这样的一个跟踪点的运动轨迹,从而让这个点一直位于画面中央,达到稳定运动的效果。

2)操作步骤

(1)新建项目,将项目名称命名为【稳定器的使用】,方便以后寻找工程文件(图11-2-1)。

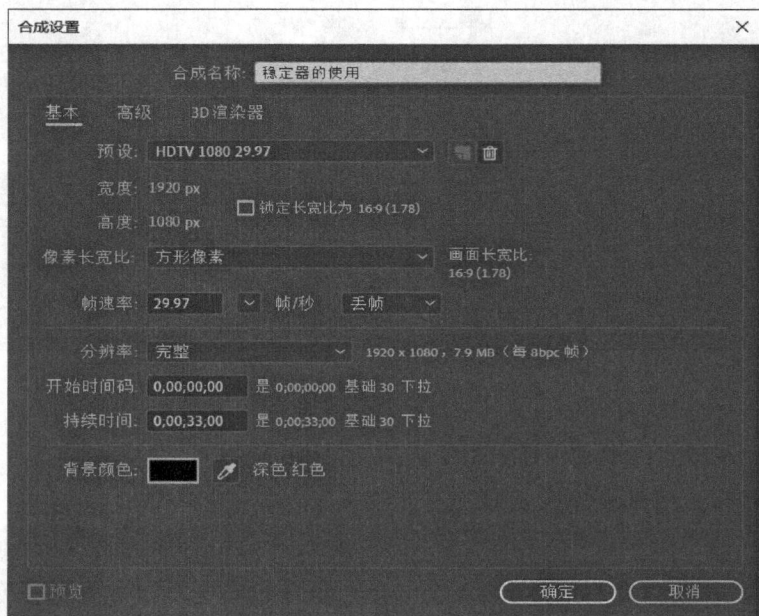

图 11-2-1　新建项目

(2)编辑操作,在新建项目之后,对项目进行如下的编辑操作。

①将原有的准备好的视频素材导入到 AE 当中,如图11-2-2所示。

图 11-2-2　导入视频素材

②利用跟踪器效果,选择稳定运动这一选项,将跟踪点跟踪一个想要放在视频中央的点,点击视频分析按钮,进行运动轨迹分析,如图 11-2-3 所示。

图 11-2-3　运动轨迹分析

③得到一个跟踪点的运动轨迹,如图 11-2-4 所示。

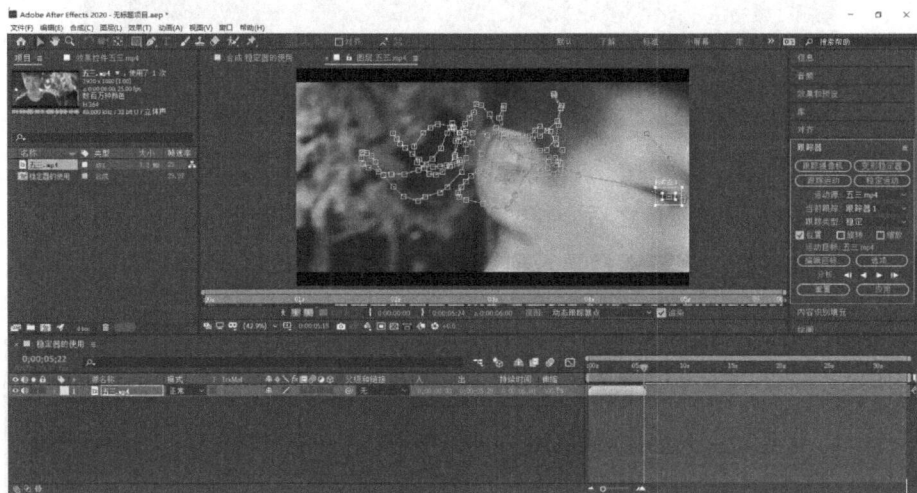

图 11-2-4　得到跟踪点的运动轨迹

④将所得到的运动轨迹应用到视频中去,便可以让视频拥有和跟踪点一样的运动路径,此时跟踪点始终保持于一个固定的位置,从而达到稳定的效果,如图 11-2-5 所示。

⑤但是此时我们可以发现,虽然视频跟随着跟踪点运动了起来,但是周围有很多的黑边,很容易就"穿帮"了,因此我们需要调整视频的大小和位置属性来使得视频黑边消失。通过调整视频的尺寸大小和位置来抵消掉由于视频运动而产生的黑边,如图 11-2-6~图 11-2-8 所示。

图 11-2-5　应用运动轨迹

图 11-2-6　调整视频大小和位置(一)

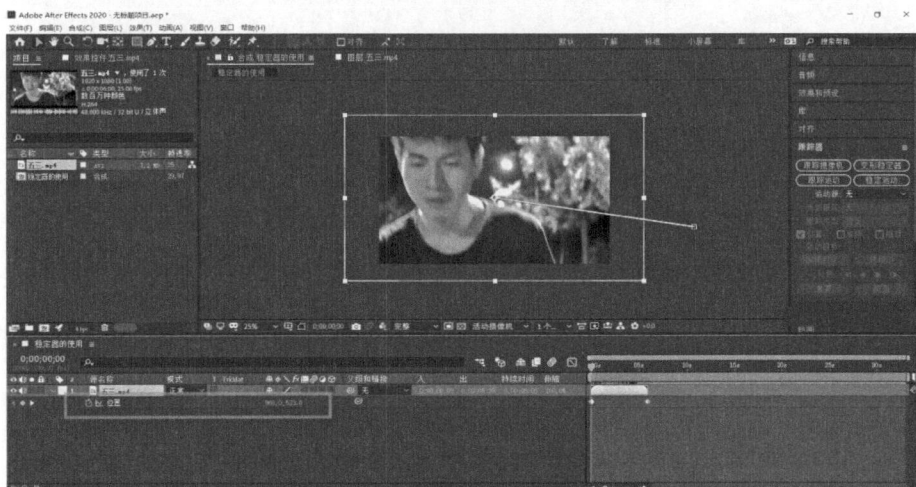

图 11-2-7　调整视频大小和位置(二)

图 11-2-8　调整视频大小和位置 (三)

⑥在将这些全部设置好后,整个视频中晃动的部分就会减少很多,对观众的观感体验有不小的提升。

第12章

电视节目包装案例

学习重点：

在电视节目的制作当中，视觉包装也是一个非常重要的部分，优秀的视觉包装会为整个电视节目润色不少。在制作电视节目包装的时候往往需要整体考虑节目的色调、栏目 Logo 元素、字体设计、动画片头设计。其中栏目片头设计或者说频道宣传片设计要考虑整体动画创意与设计，考虑镜头之间柔和的切换和组接，以使整个视频动画看起来流畅优美，达到吸引受众观看、加深节目印象、传播节目理念的效果。

本案例为自创频道包装宣传，综合使用了演员表演、影像拍摄、图形特效、抠像及 AE 的一些特效效果，镜头衔接自然流畅，节奏明快，整体效果较好。

12.1 镜 头 1

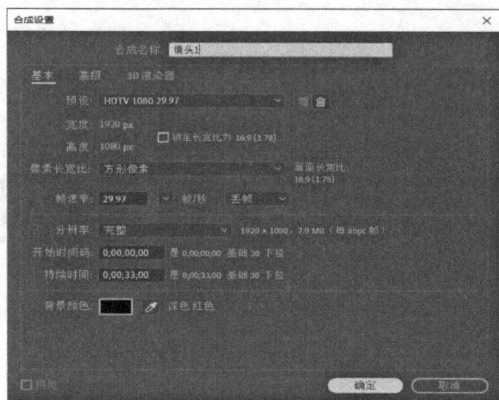

图 12-1-1 新建合成

（1）新建合成,命名为【镜头 1】（图 12-1-1）。

（2）新建一个形状图层,并将其命名为"圆形"。打开标题栏,利用椭圆工具并按住快捷键【Ctrl+shift】,以中心十字为圆心创建一个没有填充、只有描边的圆。步骤如图 12-1-2、图 12-1-3 所示。

（3）给新建的椭圆添加中继器效果,并点开【中继器-变换中继器】,将其中的位置调整为{0.0,0.0},适当地缩小比例,并将其副本个数调整到合适的个数（图 12-1-4）。

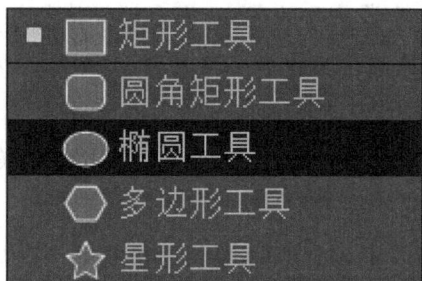

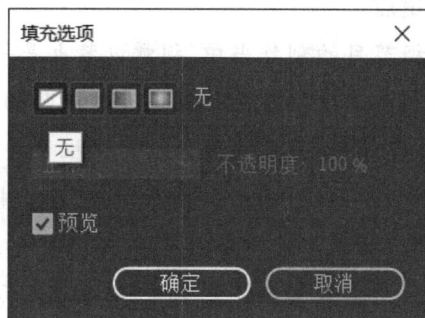

图 12-1-2 选择椭圆工具取消填充

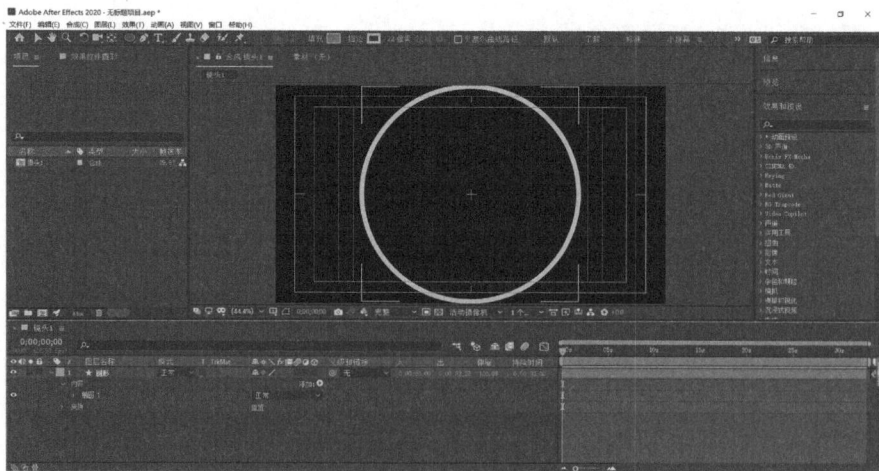

图 12-1-3 新建圆形

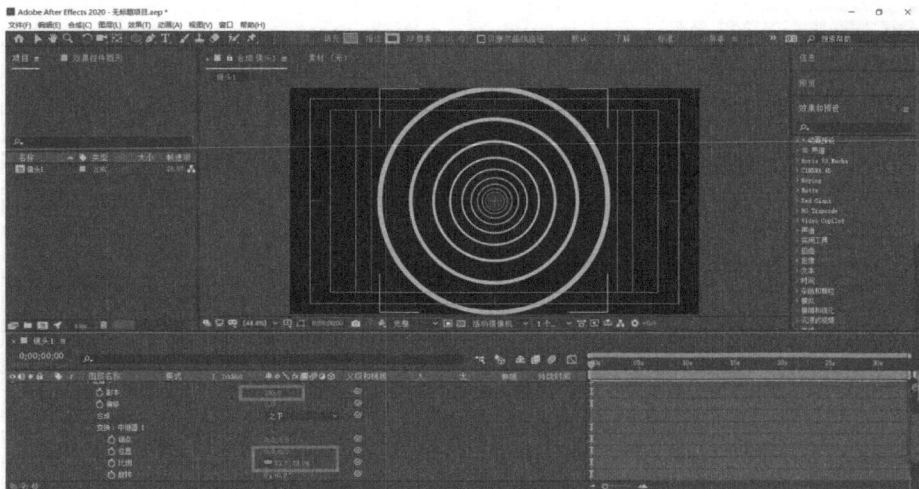

图 12-1-4　添加中继器效果

（4）按住【alt】再鼠标左键点击偏移属性的小码表，给【变换中继器】中的偏移属性输入一个表达式 time＊−0.5，然后整个中继器中的圆环就会呈现出一个向外运动的状态，再按【Ctrl+C】复制一下中继器效果，获得其相同属性（图 12-1-5）。

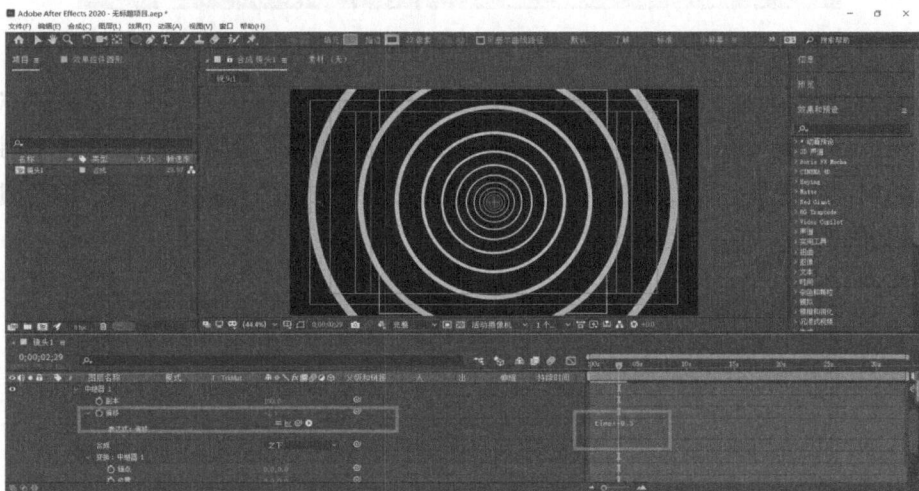

图 12-1-5　设置偏移属性

（5）再新建一个形状图层，并将其重命名为【lines】，利用【钢笔工具】（图 12-1-6）在中心十字上按住【shift】画一条直线段。再选中形状图层，按【Ctrl+V】将上一步中复制的圆形的中继器属性复制到线段当中，再将【变换形状 1】里的位置属性进行调整，得到线段处于两个圆环中间位置的效果，再将【形状 1】按【Ctrl+D】复制一层，并改变其复制得到的【形状 2】的位置属性，使得【形状 1】和【形状 2】得到如图 12-1-7 所示的对称效果。

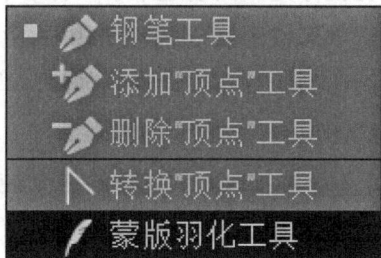

图 12-1-6　【钢笔工具】示意图

205

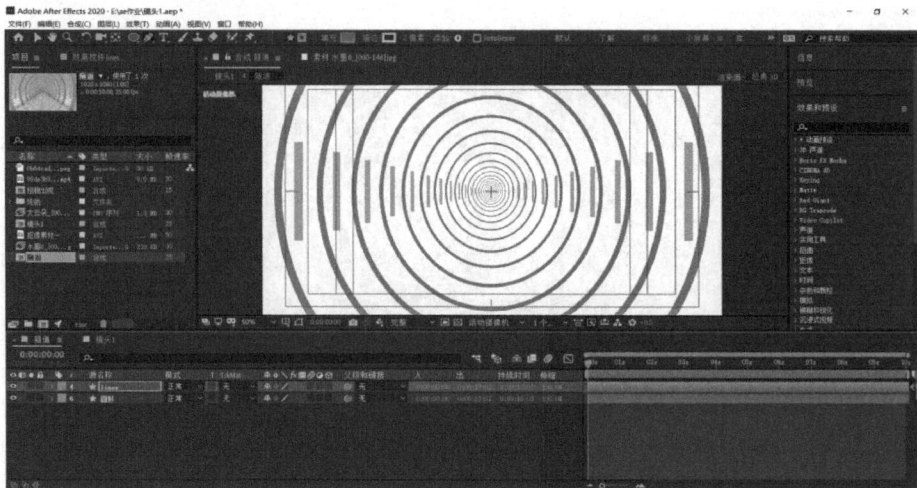

图 12-1-7　制作对称效果

（6）再新建一个形状图层，将其命名为【过道】（图 12-1-8）。并再次利用【钢笔工具】在画面的中心添加一条直线，稍微可以将其画长一些，再将其三维开关打开。

图 12-1-8　新建形状图层【过道】

（7）打开变换，将其比例的链接取消，然后把 X 轴的缩放拉大，再将 X 轴旋转 90°，将其位置向下拉一点，就可以看到过道的三维透视效果已经出现了。再将其 X 轴与 Y 轴的缩放拉大一点，形成的透视效果能够让过道达到如图 12-1-9 所示的宽度和长度。再将其透明度设置为 80，即可得到如图 12-1-10 所示的效果。

图 12-1-9　调整【过道】参数

（8）利用制作线段【lines】的方法来制作中间的线，从而让过道能够更加有动感，给人的感觉就像是画面动起来了一样。利用【钢笔工具】在中心十字上按住【shift】画一条直线段，再选中形状图层，选中圆形中的中继器效果按【Ctrl+C】复制，再按【Ctrl+V】将上一步中复制的圆形的中继器属性复制到线段当中，调整变换中继器中的 Y 轴的值（图 12-1-11），便可得到如图 12-1-12 所示的效果。

（9）再按【Ctrl+Y】创建一个纯色图层，并为其添加一个【梯度渐变】的效果，给【梯度渐变】的【起始颜色】和【结束颜色】打上关键帧，并选择合适的颜色，为其添加一个随时间而改变的背景颜色（图 12-1-13）。

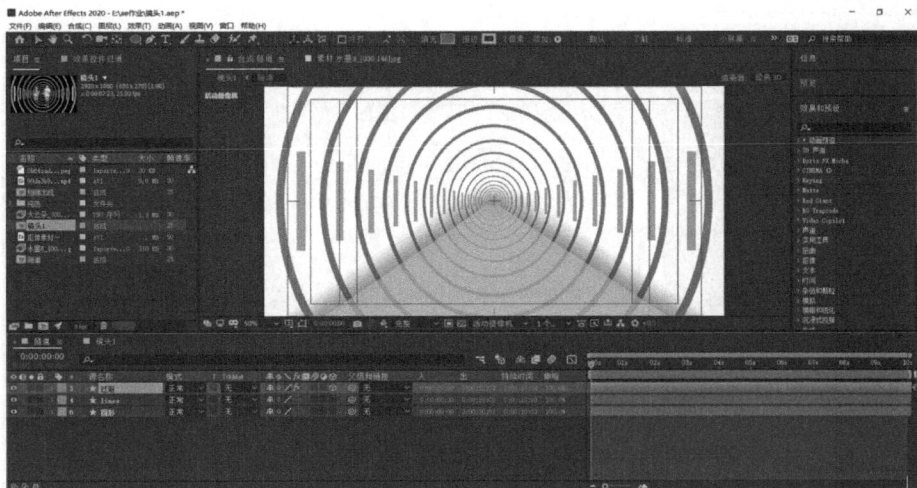

图 12-1-10　透视效果图

图 12-1-11　中继器调整参数

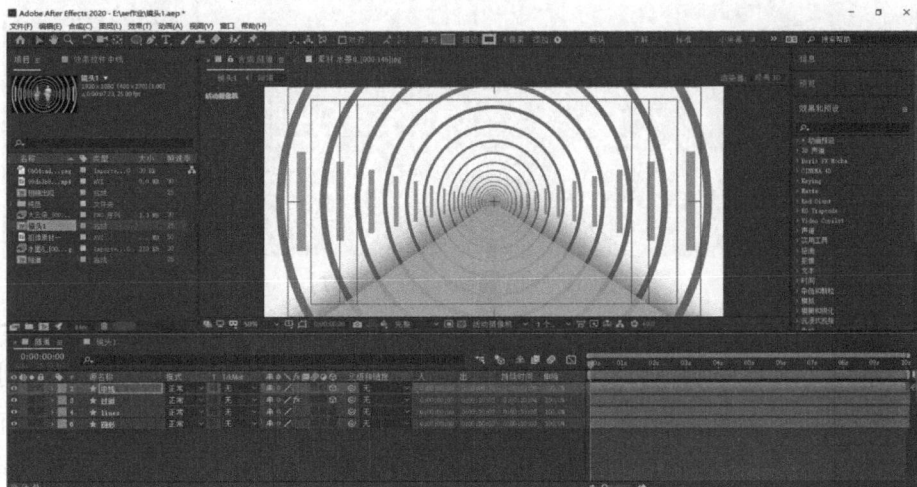

图 12-1-12　动感效果图

（10）在场景搭建好之后，将上述图层全部选中按【Ctrl+shift+C】预合成，并将其命名为【隧道】。将提前录制好的【抠像素材】导入到合成当中，给【抠像素材】添加一个【KEY-LIGHT1.2】的效果，对原素材进行抠像处理。将其扣取颜色选择为背景的绿色，再将【抠像素材】复制一层，将其 3D 开关打开，将其 X 轴和 Y 轴旋转 180°，并将其不透明度调整为50%，调整其位置得到如图 12-1-14 所示的效果。

图 12-1-13　添加背景颜色

图 12-1-14　导入【抠像素材】

（11）再创建一个合成，将其命名为【翅膀出现】，将找好的翅膀图片导入到合成当中去，将其【Ctrl+D】复制一层，将两个合成分别命名为【翅膀左】和【翅膀右】，再分别为其创建蒙版，只得到相应方向的翅膀（左、右），这样就得到两个独立的翅膀图层，将两个图层的 3D 图层开关打开，分别将【翅膀左】和【翅膀右】的两个旋转中心移动到翅膀的中心，再让【翅膀左】和【翅膀右】绕 Y 轴旋转，并给其打上关键帧，从而得到翅膀扇动的效果，其效果如图 12-1-15 所示。

（12）将制作完成的【翅膀出现】合成，导入到【镜头 1】的合成当中，并将其位置大小、出现的时间进行适当的调整。再将【翅膀出现】图层复制一层，并按照制作抠像影子的方法，给翅膀也制作一个影子，从而得到如图 12-1-16 所示的效果。

（13）通过上述步骤的设置之后，便完成了【镜头 1】的场景搭建，以及动画设置，按【Ctrl+S】将该合成保存，效果如图 12-1-17 所示。

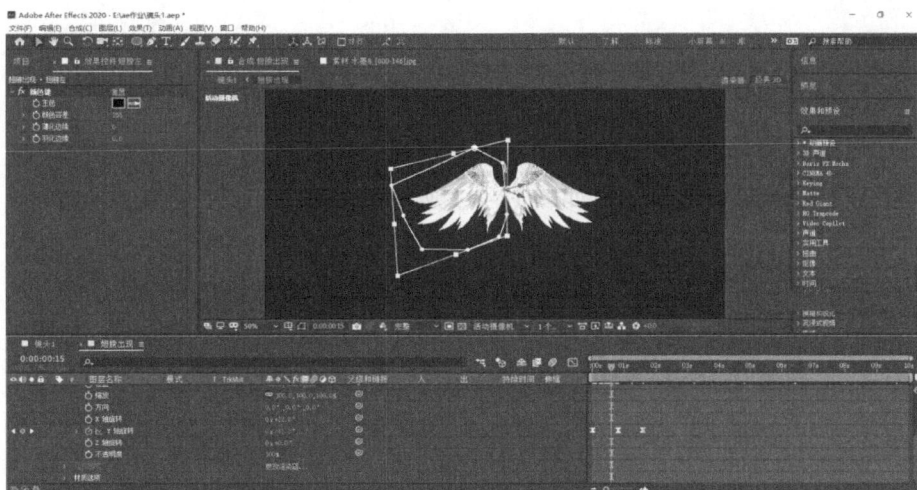

图 12-1-15　制作翅膀扇动效果

图 12-1-16　制作翅膀影子、人物倒影

图 12-1-17　镜头 1 效果图

12.2　镜　头　2

(1)新建合成命名为【镜头2】,如图12-2-1所示。

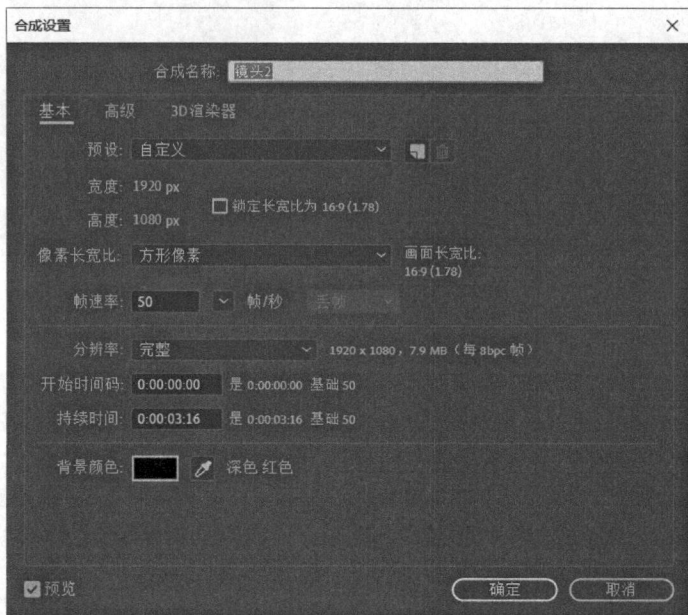

图 12-2-1　新建合成

(2)将所有的素材都导入到 AE 当中,将窗户素材导入到合成当中去,并为其添加一个【KEYLIGHT1.2】效果,从而得到一个抠像的窗户(图12-2-2)。

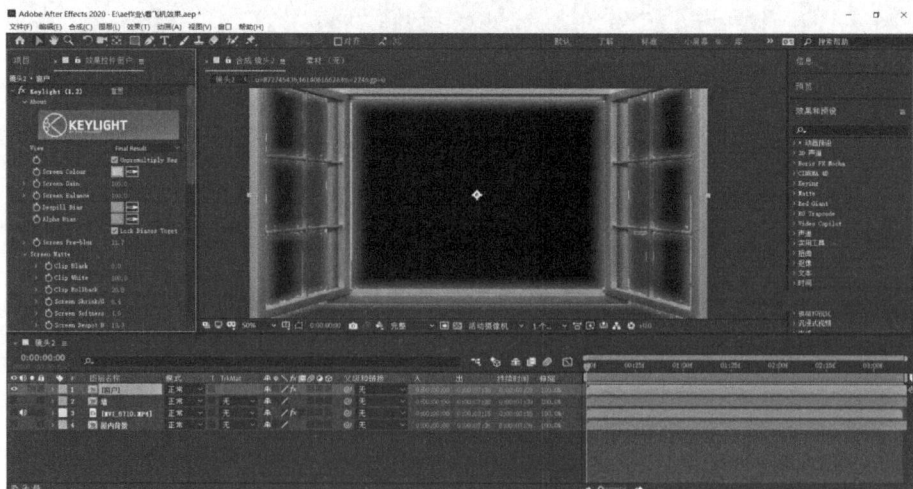

图 12-2-2　制作窗户

（3）将【背景墙】的素材导入到合成当中去，但是此时我们会发现，窗户内也有【背景墙】，所以这个时候，我们需要给【背景墙】添加一个窗户大小的蒙版效果，得到的效果如图12-2-3所示。

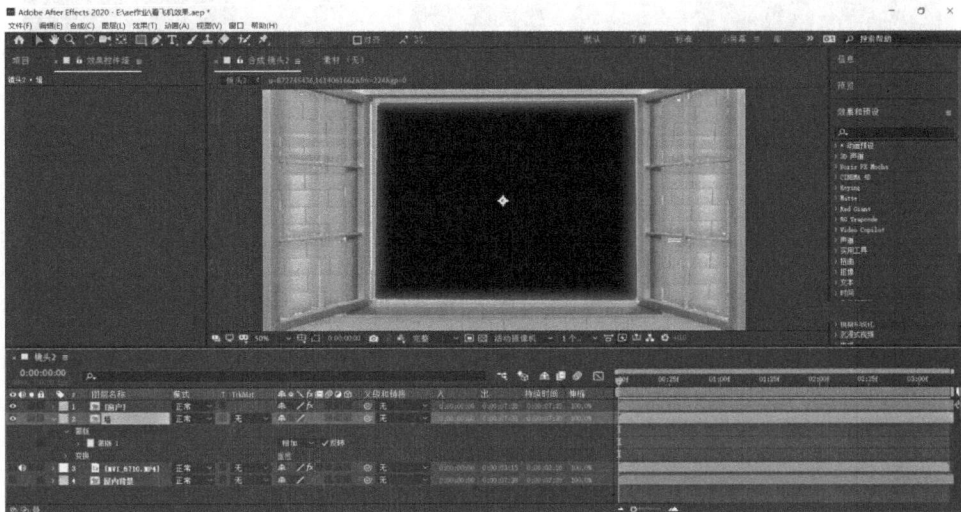

图12-2-3　制作背景墙

（4）将【屋内背景】添加到合成中去，得到如图12-2-4所示的效果。

图12-2-4　添加【屋内背景】

（5）如上述步骤，【镜头2】的场景便搭建完成。将抠像的人物素材导入到合成当中，并利用【KEYLIGHT1.2】将其抠像，便得到如图12-2-5所示的效果。

（6）通过上述步骤的设置之后，便完成了【镜头2】的场景搭建以及动画设置，按【Ctrl+S】将该合成保存，效果如图12-2-6所示。

211

图 12-2-5　导入人物素材

图 12-2-6　镜头 2 效果图

12.3　镜　头　3

（1）新建合成命名为【镜头 3】，如图 12-3-1 所示。

（2）将找好的网络素材【林荫道】导入到合成当中，并利用 PROJIECTION 3D 这个插件来对其进行编辑，最终将该二维图片变成三维场景。其操作如下：

①打开 PROJIECTION 3D 插件，点击【Match Camera】按钮，创建一个摄像机，可以得到一个立方体网格，将得到的立方体网格的"上下左右后"五个面都点出来，点击【取消隐藏】按钮，将立方体网格的隐藏图层显示出来，从而对立方体网格进行调整，得到自己所需要的立体空间（图 12-3-2）。

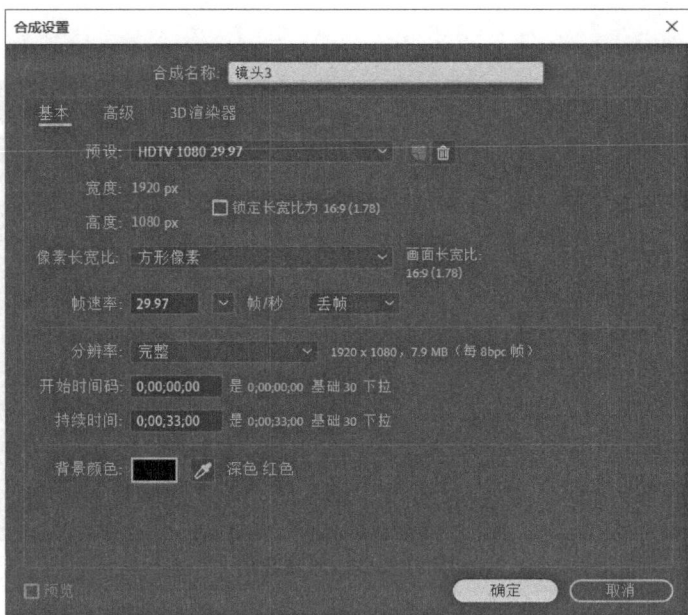

图 12-3-1 新建合成

图 12-3-2 创建立体空间

②在立方体调整完成之后,选中【Camera】和【林荫道】图层点击【Create Projiection】按钮,创建一个场景(图 12-3-3)。

③创建之后,会得到一个叫 Projection Sense 的图层,点进去会发现里面是一个空图层,这时候,我们点击 PROJIECTION 3D 控制器最下端的【OK】按钮,再对没有搭建好的面进行适当的调整,就可以在【镜头 3】这个合成中,搭建好一个以【林荫道】这个二维图片素材为模板的三维空间(图 12-3-4)。

(3)在三维场景搭建好之后,我们先将三维场景图层不显示,隐藏起来,以方便做 3D 纸飞机时更直观。

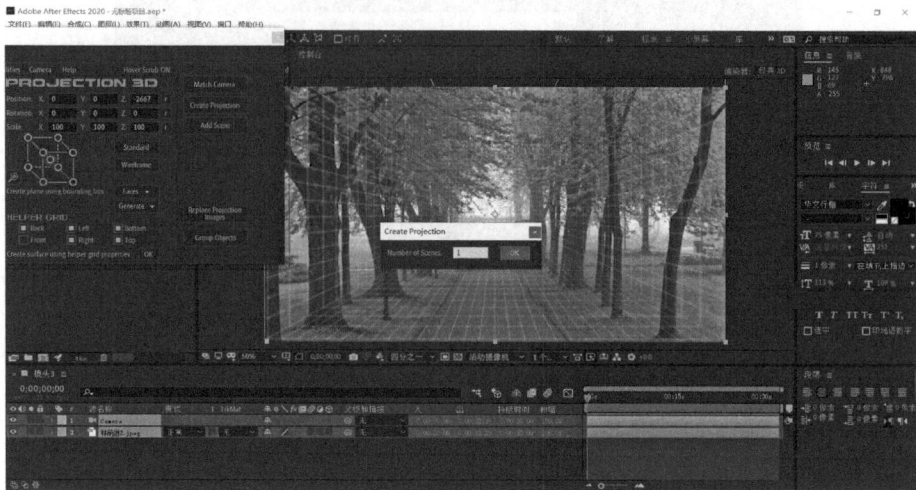

图 12-3-3　创建场景

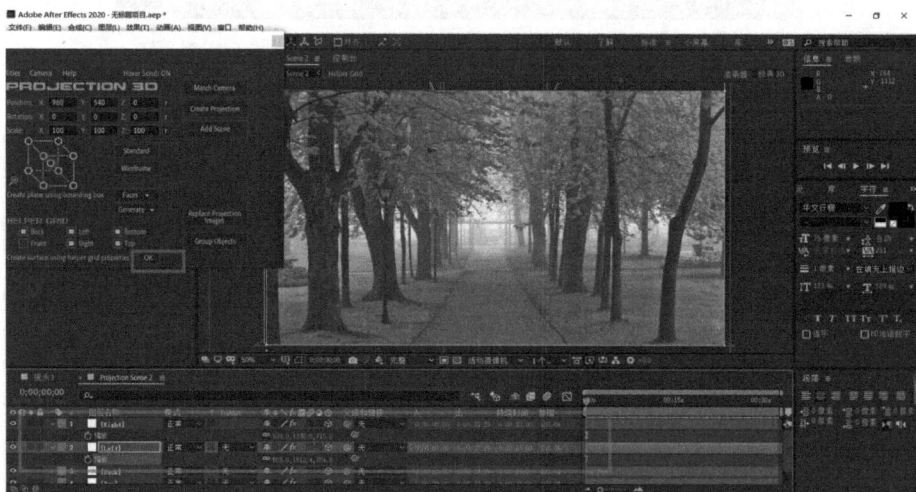

图 12-3-4　搭建三维空间

（4）制作 3D 纸飞机的步骤如下所示：

①绘制机翼形状，用钢笔工具在顶部视图中左上角位置绘制三角形机翼。为了让有些描点的横纵坐标相同，通过快捷键【CTRL+R】调出标尺，拉出辅助线来拖动描点到恰当的位置，最后给其命名为"机翼 1"，并将旋转中心移动到三角形角尖（后期调整需要）（图 12-3-5）。

②选中"机翼 1"图层，在图层中打开"3D 图层"，将"机翼 1"的 X 轴旋转−90°，让机翼正面朝上，并往上移动到参考线位置（图 12-3-6）。

③选中"机翼 1"图层，按【CTRL+D】复制一份，将 X 轴旋转到 90°，得到图层"机翼 2"（图 12-3-7）。

④选中"机翼 2"图层，按【CTRL+D】复制一份，将 X 轴旋转到 0°，重命名为"机身"，并复制 3 份（图 12-3-8）。

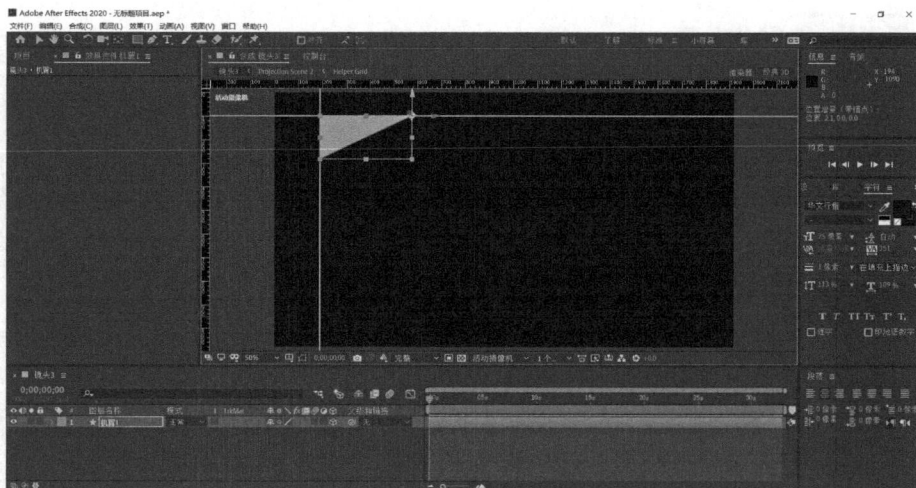

图 12-3-5　绘制三角形机翼

图 12-3-6　设置"机翼 1"

图 12-3-7　制作"机翼 2"

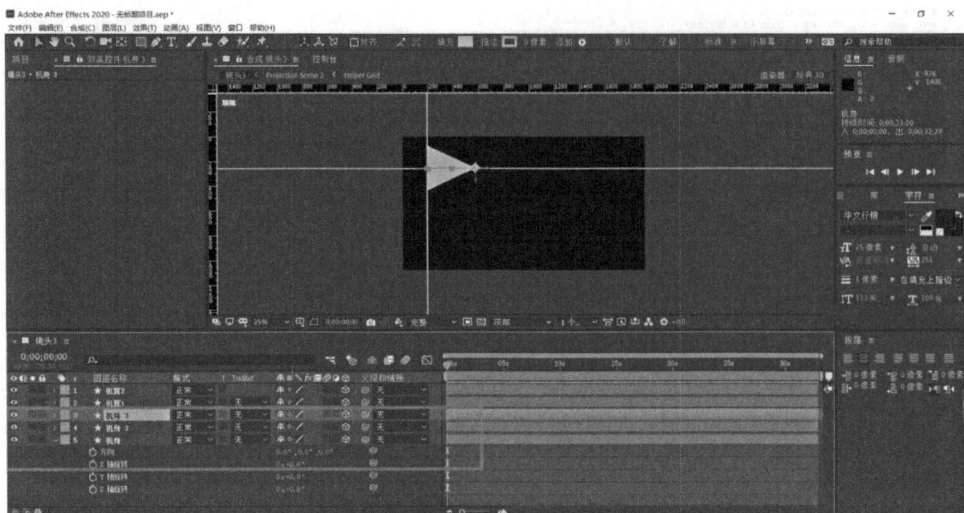

图 12-3-8　制作机身

⑤将机翼 1、机翼 2 的 Z 轴旋转–5°，形成一个缺口（图 12-3-9）；打开左侧视图（顶部视图看不出效果），将机身 2、机身 3 的 Y 轴分别旋转 5°和–5°（机身不用是因为机身这个图层是用来绑定父级后期做动态的）（图 12-3-10）。

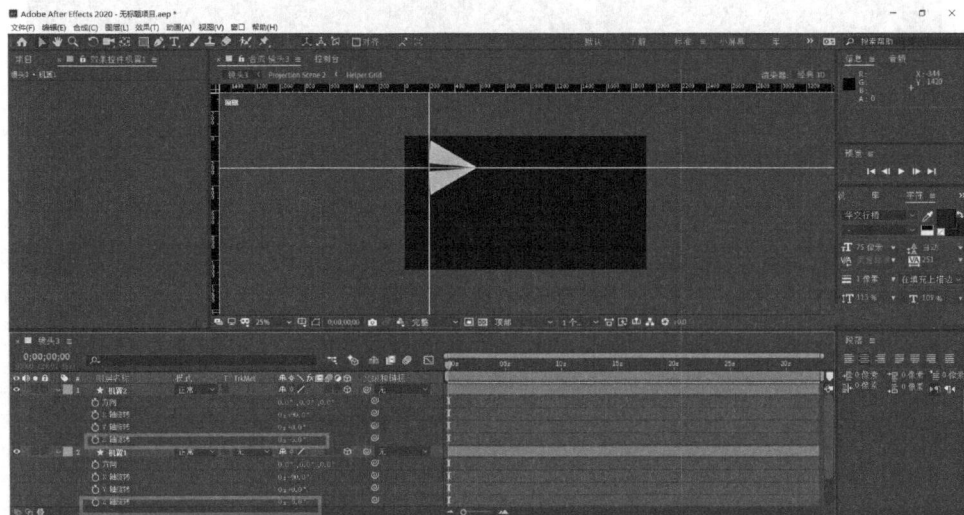

图 12-3-9　旋转 Z 轴形成缺口

⑥选中 3 个机身图层，切换到正视图，将机身高度往上缩短一些。

⑦打开顶视图和左视图，对机身 2、机身 3 图层进行操作，在顶视图里调节 X 轴控制杆使得其左视图如图 12-3-11 所示。

⑧将机翼 1、机翼 2 和机身 2、机身 3 的父级绑定到机身图层中，但如果出现下面情况可以将机身 2、机身 3 父级绑定到机翼中去，然后将除了机身以外的图层隐藏。

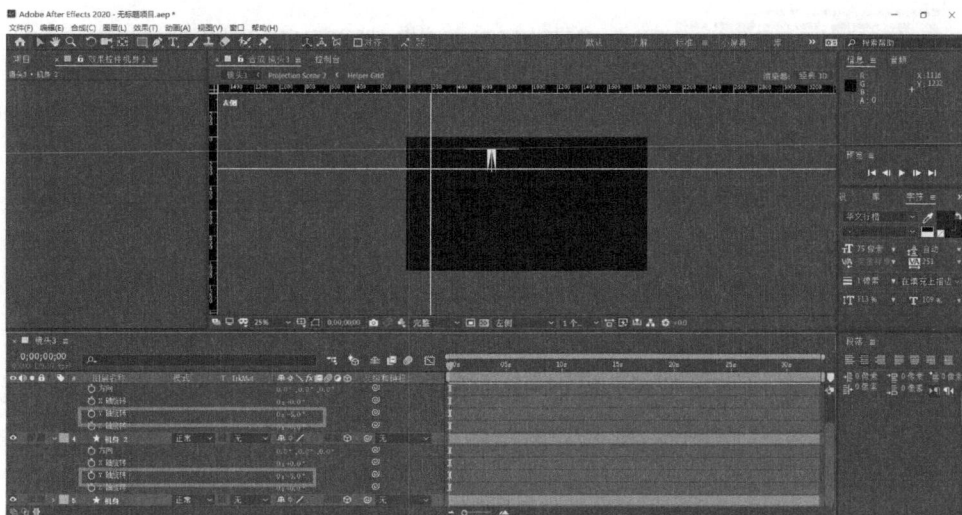

图 12-3-10　旋转 Y 轴

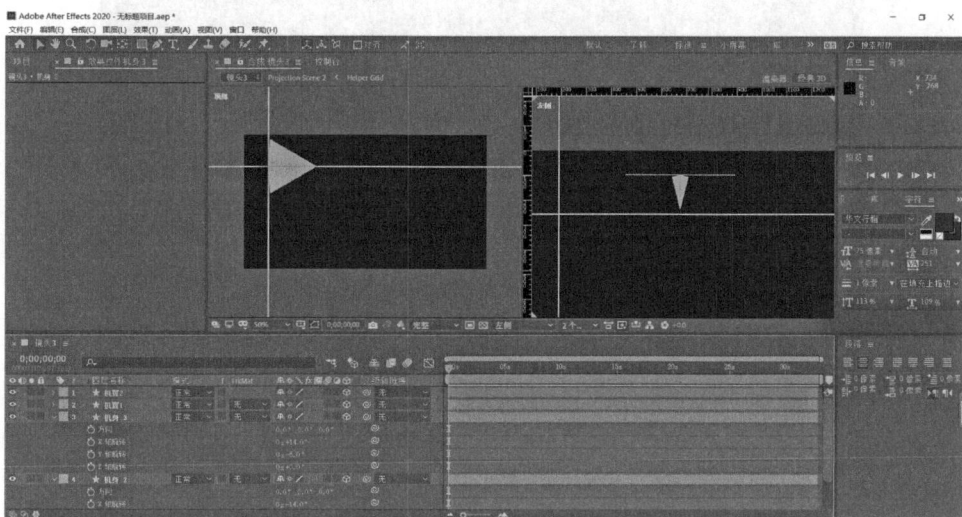

图 12-3-11　调节 X 轴控制杆

在通过上述步骤的设置之后,我们得到了一个三维的树林小道场景和一个三维的纸飞机模型。接下来我们就通过对摄像机镜头的控制和对三维纸飞机模型的运动路径的调整,就可以得到一个摄像机镜头跟随飞机运动的效果。因为三维纸飞机的属性全都链接到了机身上,所以只需要调整机身图层的位置,让其运动,便可以让整个三维飞机运动。给摄像机的位置打上关键帧,并让其沿 Z 轴运动,再通过调整飞机机身的运动从而控制整个三维纸飞机的运动轨迹,得到如图 12-3-12 所示的效果。

(5)通过上述步骤的设置之后,便完成了【镜头 3】的场景搭建以及动画设置,按【Ctrl+S】将该合成保存,效果如图 12-3-13 所示。

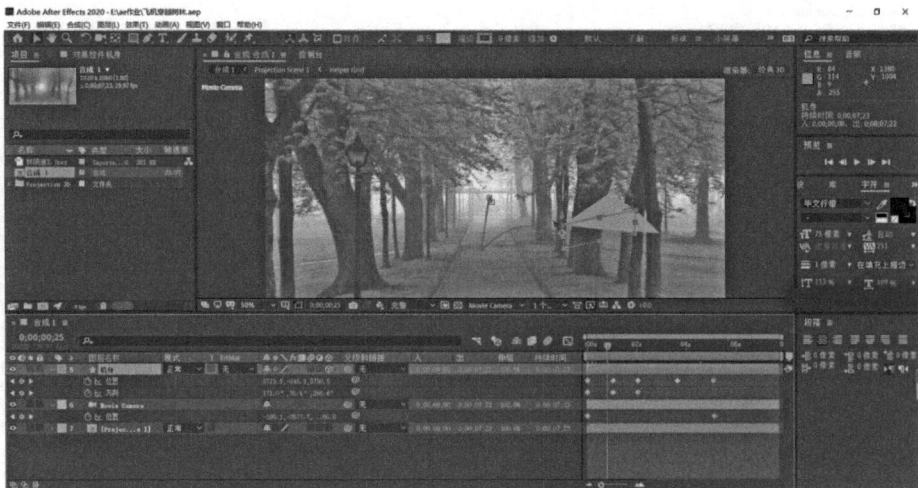

图 12-3-12　三维纸飞机运动轨迹效果图

图 12-3-13　效果图

12.4　镜　头　4

（1）新建合成命名为【镜头 4】，如图 12-4-1 所示。

（2）在新建完一个【镜头 4】的合成之后，我们需要再新建一个 300px×500px 的合成，将其命名为【隧道片】（图 12-4-2）。

（3）在【隧道片】合成中新建一个纯色图层，并为其添加网格效果。将其参数按图 12-4-3 所示设置，从而得到一个黄色网格的效果。

（4）在【镜头 4】中，其中的网格线有运动的效果，而为了达到这种效果，我们给纯色层再添加一个【偏移】效果，并在其【将中心转化为】属性中输入表达式：

x=effect("偏移")("将中心转换为")[0];

y=effect("偏移")("将中心转换为")[1]+time * -150;

[x,y]

使得该网格可以沿着 Y 轴的正方向运动起来。

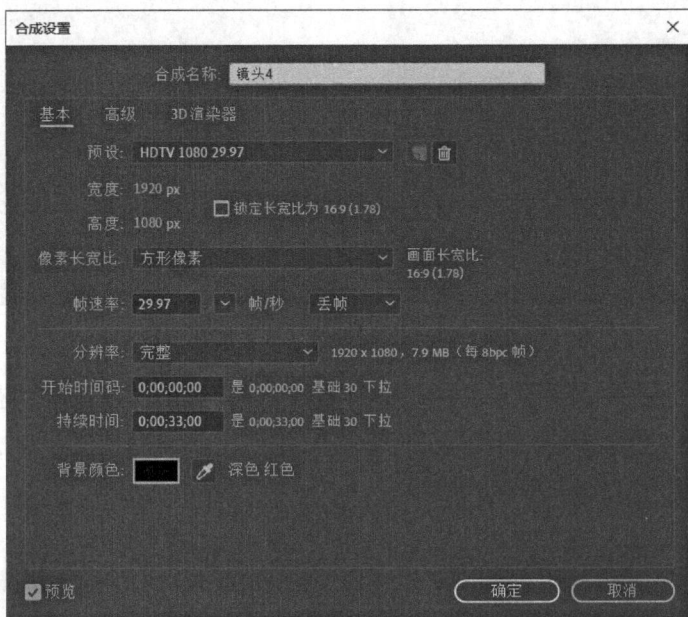

图 12-4-1 新建【镜头 4】合成

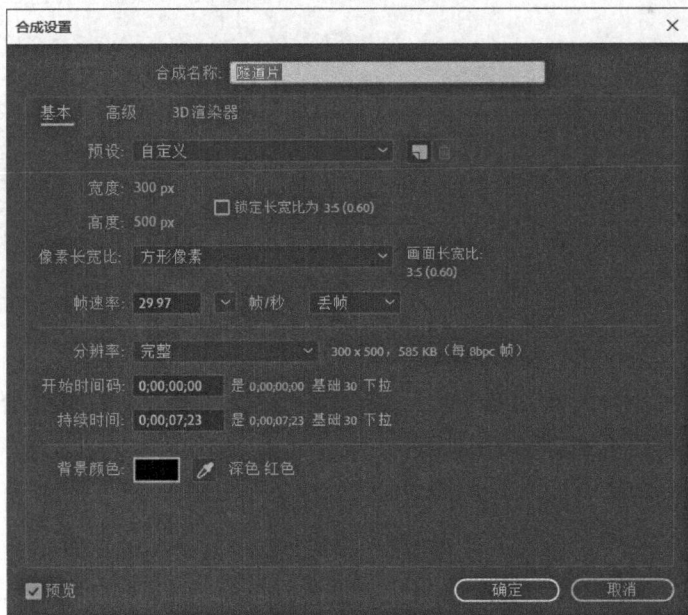

图 12-4-2 新建【隧道片】合成

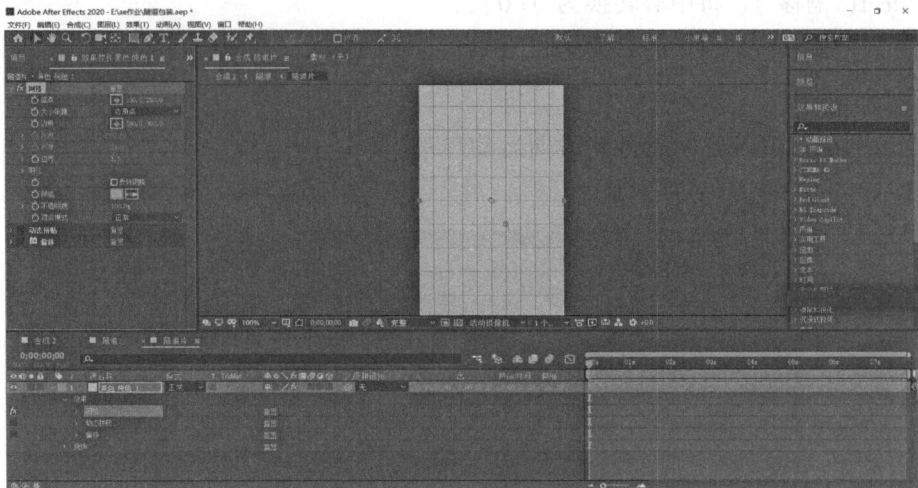

图 12-4-3　制作黄色网格效果

（5）将隧道片合成导入到原来的【镜头 4】合成当中，我们可以发现，它还是一个二维的形状，我们将【隧道片】合成的三维图层开关打开，并将其沿 X 轴旋转−90°，再将其放到底面合适的位置，形成如图 12-4-4 所示的效果。

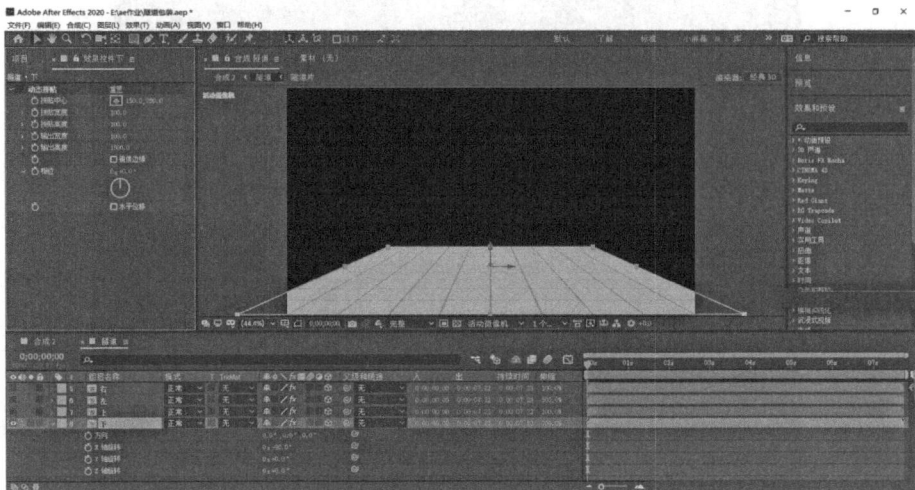

图 12-4-4　调整隧道片位置

（6）这个时候我们会发现"隧道"好像有些短，不太好看，我们便再给该图层添加一个【动态拼贴】的效果，就得到了如图 12-4-5 所示的效果。

（7）我们将该图层再复制 3 次，并分别将其命名为"上""下""左""右"，以方便我们查看寻找图层，我们再将"上"图层的位置调整到如图 12-4-6 所示的位置。

（8）再将左右两个图层沿 Y 轴旋转−90°，并调整其位置，最后得到如图 12-4-7 所示的效果。

（9）在整个隧道的基本轮廓搭建完成之后，我们的工作便完成了一大半。接下来，我们新建一个纯色层，并选中它，利用钢笔工具为其创建一个蒙版（图 12-4-8）。

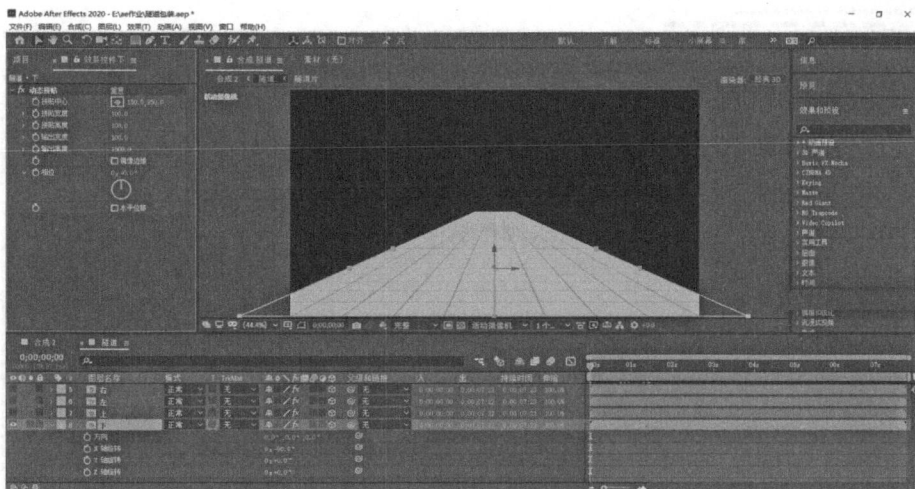

图 12-4-5　添加【动态拼贴】效果

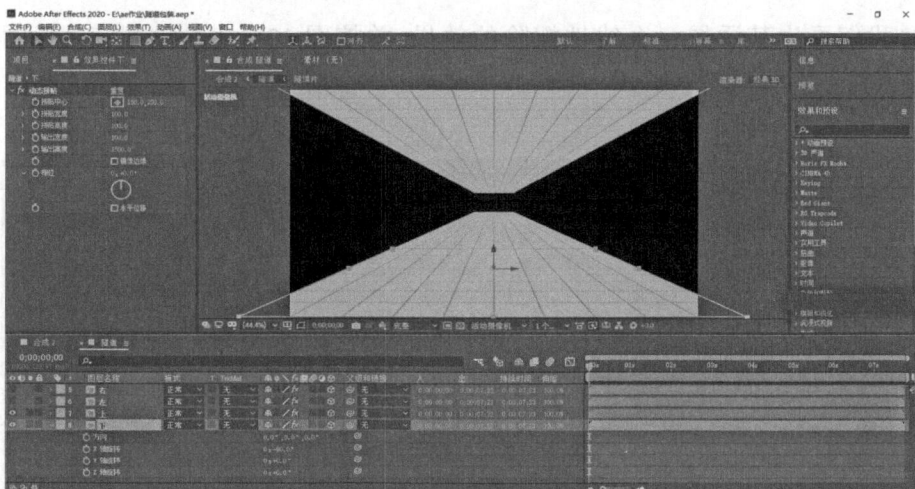

图 12-4-6　制作调整"上"图层

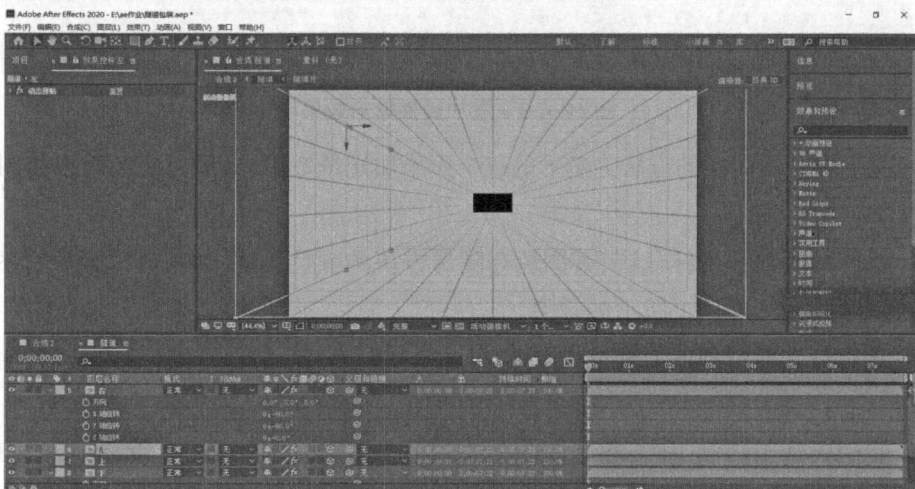

图 12-4-7　调整左右两图层

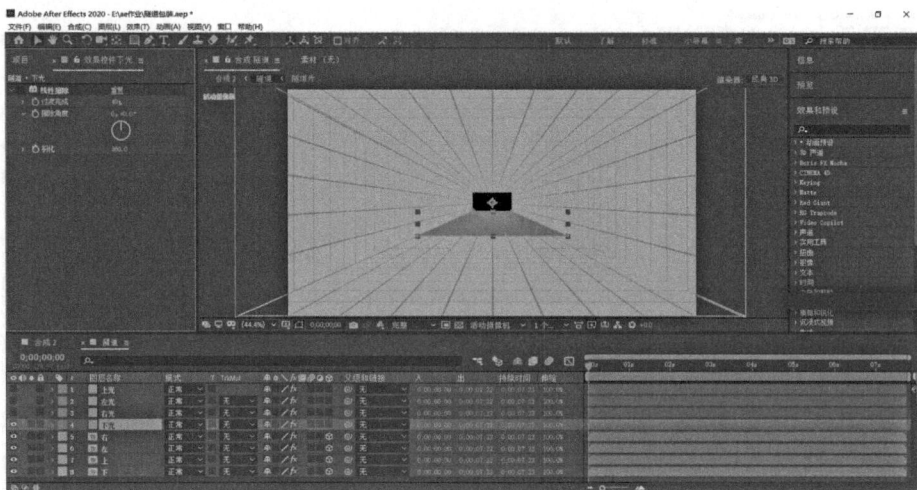

图 12-4-8　新建纯色层

（10）我们再为其添加一个线性擦除的效果,并按图 12-4-9 参数调节从而得到光晕效果。

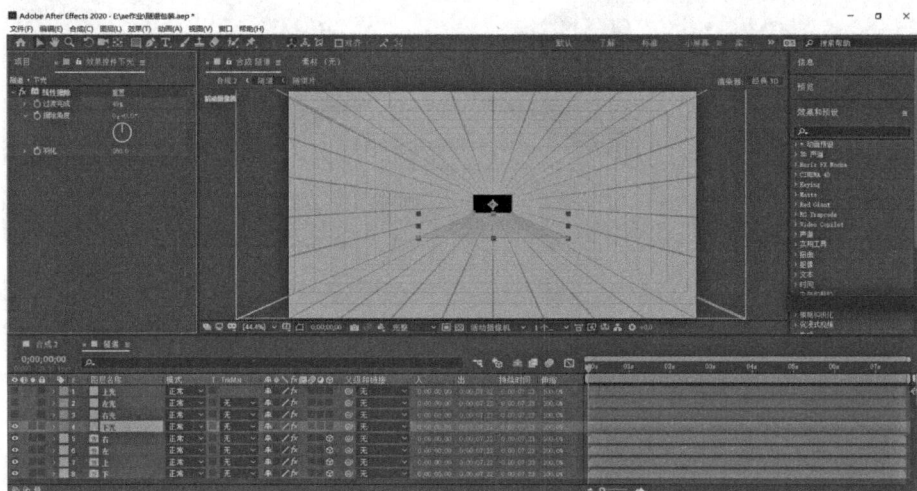

图 12-4-9　添加线性擦除效果

（11）我们再利用同样的方法为剩下的三个面添加光晕效果,最后得到的效果如图 12-4-10 所示。

（12）我们再新建一个纯色层,其颜色与隧道方块的颜色相同,并将其放到所有图层的最低端,从而得到如图 12-4-11 所示的效果。

（13）我们将上面用到的所有的图层全部选中,按【Ctrl+shift+C】进行预合成,将其命名为【隧道】。

（14）我们再利用钢笔工具,在画面的四个顶点建立一个形状图层,并将其填充取消,描边像素设置为 200,得到如图 12-4-12 所示的效果。

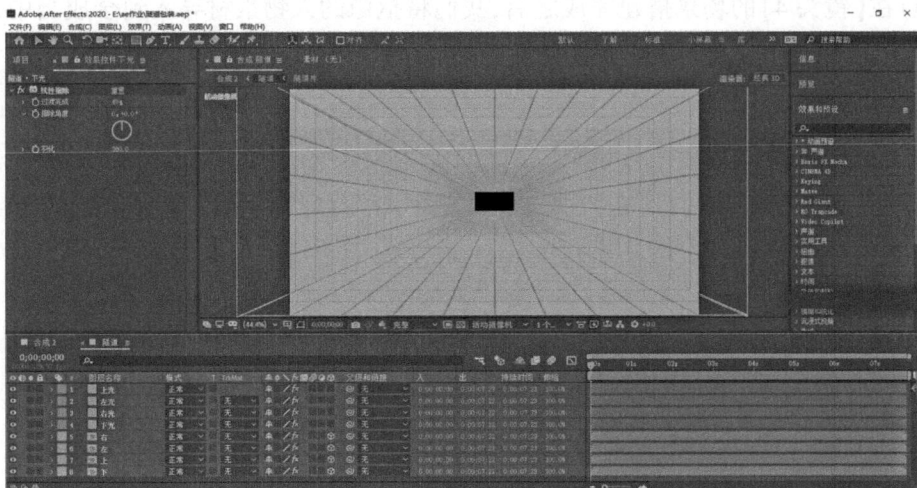

图 12-4-10　添加光晕效果

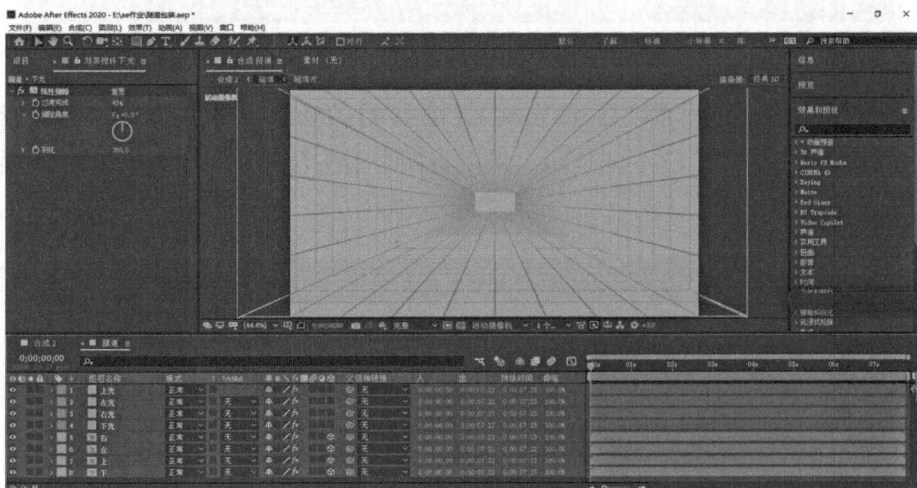

图 12-4-11　再次新建纯色层

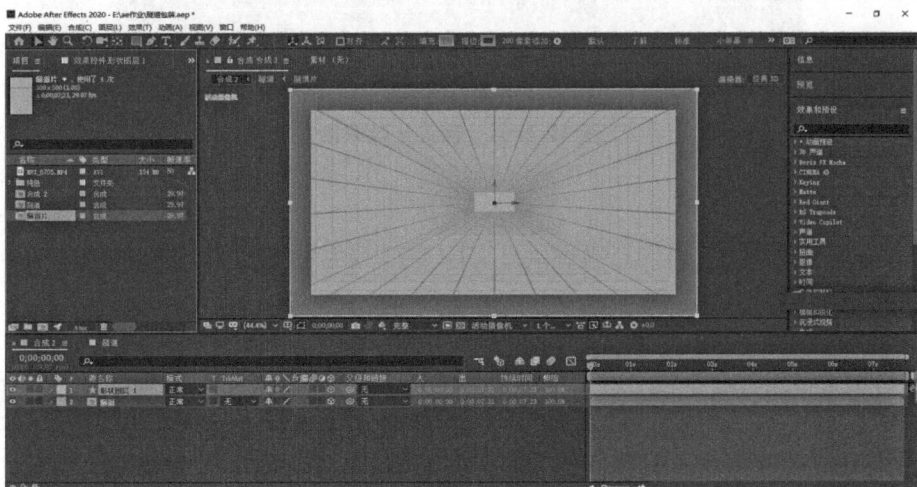

图 12-4-12　新建形状图层用紫色描边

（15）在【镜头 4】的场景搭建完成之后，我们将抠像的人物素材导入到合成当中，并利用【KEYLIGHT1.2】为其抠像，得到如图 12-4-13 所示的效果。

图 12-4-13　利用【KEYLIGHT1.2】抠像

（16）通过上述步骤的设置之后，便完成了【镜头 4】的场景搭建，以及动画设置，按【Ctrl+S】将该合成保存，效果如图 12-4-14 所示。最后将四个镜头合并在一个合成里面，并为将视频配乐，整体输出。

图 12-4-14　镜头 4 效果图

12.5　小　　结

做相邻镜头转接时应注意使用技巧转场。例如，片中用镜头 2 转换到镜头 3，用云朵遮挡住前一个镜头同时，从一个镜头转换到下一个镜头，使得镜头过渡自然。另外，加入一定动画特技转场，如镜头 3 转换到镜头 4，镜头 3 旋转缩小飞出显现出镜头 4，镜头转换连贯。希望你能够充分合理的利用好镜头技巧转场，使自己的视频编辑更加流畅，做出完美的动画效果。

参 考 文 献

［1］韩伟.虚拟现实技术 VR 全景实拍基础教程［M］.2 版.北京:中国传媒大学出版社,2022.

［2］张晓.数字影视特效［M］.武汉:华中科技大学出版社,2021.

［3］黄卓,李晶晶.数字影视后期制作［M］北京:化学工业出版社,2021.

［4］李冬芸,王一如,赵莹.Premiere+After Effects 影视编辑与后期制作［M］.北京:电子工业出版社,2014.

［5］杨恒,张瑞.影视后期特效［M］.武汉:华中科技大学出版社,2015.

［6］石喜富,王学军,郭建璞.Adobe Premiere Pro CC 数字视频编辑教程［M］.北京:人民邮电出版社,2015.

［7］赖特.视效合成进阶教程:插图［M］.3 版.李铭,译.北京:世界图书出版公司,2014.

［8］高仰伟,郭瑞.Adobe 创意大学视频编辑师 After Effects CS5+Premiere Pro CS5 标准实训教材［M］.北京:印刷工业出版社,2012.